示	ネ	45	衣	衣ネ	70	食		79
内		―	西	西	70	斉		―
禾		46	**七画**			**九画**		
穴		46			―			
立		47	見		70	面		78
氺		33	角		70	革		78
ネ		―	言		70	韋		―
		70	谷		71	韭		―
六画			豆		71	音		79
竹		47	豕		―	頁		79
米		48	豸		71	風		―
糸		48	貝		71	飛		79
缶		51	赤		71	食	食	79
网	四 血	―	走		71	首		―
羊		51	足	𧾷	72	香		79
羽	羽	53	身		72	**十画**		
老	耂	―	車		72	馬		80
而		―	辛		―	骨		―
耒		―	辰		―	高		―
耳		53	辵	辶 辶(右)	73 73	髟		―
聿		―	邑	阝	74	鬥		―
肉	月	53	酉		―	鬯		―
臣		―	釆		75	鬲		80
自		―	里		―	鬼		―
至		―	臣		―	竜		―
臼	臼	―	麦		82	**十一画**		
舌		―	**八画**			魚		80
舛		―	金		75	鳥		81
舟		54	長		76	鹵		―
艮		54	門		76	鹿		81
色		54	阜	阝(左)	76	麥	麦	82
艸	艹	68	隶		77	麻		82
虍		68	隹		78	黄	黒	82
虫		68	雨		78	亀		
血		―	青		78			
行		69	非		―			

十二画		
黄	黄	82
黍		―
黒	黒	82
黹		―
歯		―
十三画		
黽		83
鼎		―
鼓		―
鼠		―
十四画		
鼻		83
齊	斉	―
十五画		
齒	歯	―
十六画		
龍	竜	―
龜	亀	―
十七画		
龠		―

仙人掌　5ページ

凌霄花　7ページ

勿忘草　7ページ

向日葵　9ページ

合歓　9ページ

安石榴　14ページ

山茶花　16ページ

忍冬　20ページ

撫子　21ページ

文目　22ページ

木通　23ページ

木槿　24ページ

杜若　24ページ

杜鵑草　25ページ

柊　26ページ

桔梗　27ページ

難読 誤読 植物名

漢字よみかた辞典

日外アソシエーツ

Guide to Reading
of
Plant Names Written in Kanji

Compiled by

Nichigai Associates, Inc.

©2015 by Nichigai Associates, Inc.

Printed in Japan

本書はディジタルデータでご利用いただくことができます。詳細はお問い合わせください。

●編集担当● 比良 雅治／城谷 浩
装 丁：クリエイティブ・コンセプト

刊行にあたって

　「明日檜（あすなろ）」「馬酔木（あせび）」「紫羅欄花（あらせいとう）」「五加（うこぎ）」「大葉子（おおばこ）」「杜若，燕子花（かきつばた）」「酢漿草（かたばみ）」など、植物の漢字表記には、漢字のもつ本来の意味とは無関係に音や訓を借りて字を当てはめる宛字も多いため紛らわしく、読めないもの、読み誤るおそれのあるものが多い。通常は漢字表記の読みを調べようとする場合、漢和辞典を引くことになるのだが、植物名については一般の漢和辞典を引いても多くは記載が少なく、調査がつかないこともあるのが現状である。

　本書は、漢字表記された植物名のうち、一般に難読と思われるもの、誤読のおそれがあると思われるもの、幾通りにも読めるものなど、主に高校生以上の人々を対象とした〈難読・誤読〉の植物名を選び、その読み方を示した小辞典である。植物名見出し791件と、その下に関連する逆引き植物名など、見出しの漢字表記を含む植物名855件、合計1,646件を収録した。

　編集に際しては、網羅性を追求するのではなく、一般的に難読、あるいは多くの人が読み誤るおそれがある植物名に絞り込むことでスリム化しコンパクトな辞典を目指した。

　この辞典が漢字表記された植物名のよみかたの調査に役立つことを期待する。

2014年12月

日外アソシエーツ

凡　例

1．本書の内容

　本書は、漢字表記された植物名のうち、一般に難読と思われる植物名、誤読のおそれのある植物名、幾通りもの読みのある植物名を選び、その読み方を示した「よみかた辞典」である。植物名見出し791件と、その下に関連する逆引き植物名など855件、合計1,646件を収録した。

2．収録範囲および基準

1) 漢字表記された植物名のうち、一般的な名称や総称を見出しとして採用し、読みを示した。
2) 見出しとした植物に関する情報として、科名、植物の種類および生活形、別名、形状などを簡便に記載した。また、見出しの漢字表記を含む植物名（例：見出し「桔梗」に対し「乙女桔梗」「桔梗蘭」など）を収録、その読みを示した。
3) 現代仮名遣いを原則とし、ぢ→じ、づ→ずとみなした。

3．記載例

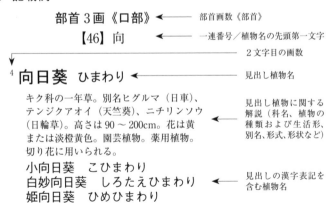

4. 排　列

1) 親字の排列

　植物名の先頭第一文字目を親字とし、『康熙字典』の214部に分類して部首順に排列、同部首内では総画数順に排列して【　】で囲んだ一連番号を付した。

2) 植物名の排列

　第二文字以降の総画順に排列、その第二字目の画数を見出しの前に記載した。第二字目が繰り返し記号「々」、ひらがな、カタカナの場合は「0」とみなした。同画数内では部首順に排列した。

5. 音訓よみガイド

　本文親字の主要な字音・字訓を一括して五十音順に排列、同じ読みの文字は総画数順に、同画数の場合は本文で掲載されている順に排列、本文の一連番号を示した。

6. 部首・総画順ガイド

　本文の親字を部首順に排列、同部首内では総画数順に排列して、その一連番号を示した。

音訓よみガイド

(1) 本文の親字（植物名の先頭第一漢字）の主要な音訓よみを一括して五十音順に排列し、その親字の持つ本文での一連番号を示した。
(2) 同じ音訓よみの漢字は総画数順に、さらに同じ総画数の文字は本文での排列の順に従って掲げた。

音訓よみガイド

【あ】

ア	蛙	[374]
	阿	[418]
アイ	愛	[103]
	矮	[258]
	靄	[435]
あう	会	[21]
	合	[47]
あお	青	[427]
あか	緋	[290]
	赤	[395]
あかざ	藜	[363]
あがる	上	[5]
あかるい	明	[121]
あき	秋	[267]
あくた	芥	[311]
あげる	翹	[300]
あご	顎	[432]
あこう	榕	[178]
あさ	朝	[125]
	麻	[452]
あさい	浅	[207]
あし	葦	[337]
	葭	[342]
	蘆	[366]
あずま	東	[135]
あたま	頭	[431]
あたり	辺	[401]
あてぎ	椴	[172]
あぶら	油	[205]
あべ	椿	[167]
あま	天	[68]
あまい	甘	[239]
あめ	天	[68]
あらい	荒	[320]
あらわす	著	[333]
あり	蟻	[380]
ある	有	[124]
あわ	粱	[282]
あわい	淡	[214]
アン	安	[75]

【い】

イ	伊	[20]
	葦	[337]
い	井	[14]
	藺	[365]
いえる	癒	[247]
いきる	生	[240]
イク	郁	[407]
いし	石	[259]
いそ	磯	[261]
イチ	一	[1]
いちじるしい	著	[333]
いつくしむ	慈	[104]
いつつ	五	[15]
いと	糸	[283]
いぬ	犬	[226]
	狗	[227]
いね	稲	[270]
いのしし	猪	[229]
いばら	荊	[326]
いまだ	未	[129]
いも	薯	[357]
いもむし	蜀	[377]
いる	射	[82]
いろ	色	[305]
いわ	岩	[86]
イン	引	[97]

【う】

ウ	有	[124]
	羽	[298]
う	卯	[44]
	鵜	[446]
ウイ	茴	[322]
うえ	上	[5]
うお	魚	[440]
うく	浮	[211]
うし	牛	[225]
うすい	薄	[335]
	菲	[358]
うずく	疼	[246]
ウツ	鬱	[193]
うつくしい	美	[296]
うつほ	靫	[430]
うなぎ	鰻	[442]
うま	午	[39]
	馬	[437]
うまれる	生	[240]
うみ	海	[206]
うめ	梅	[155]
うら	裏	[384]
うらなう	占	[43]
うり	瓜	[237]
うる	得	[100]
うわばみ	蠎	[379]
ウン	榲	[174]

【え】

エイ	栄	[138]
	瓔	[236]
	罌	[294]
	英	[313]
	靄	[435]
エキ	益	[252]
えび	蝦	[378]
えびす	胡	[303]
える	得	[100]
エン	円	[30]
	垣	[60]
	塩	[61]
	燕	[223]
	猿	[231]
	艶	[306]
	豌	[392]
えんじゅ	槐	[175]

【お】

オ	於	[119]
おいて	於	[119]
オウ	奥	[69]
	桜	[154]
	罌	[294]
	鴨	[445]
	黄	[453]

難読/誤読 植物名漢字よみかた辞典

読み	漢字	頁	読み	漢字	頁	読み	漢字	頁
おおい	多	〔64〕		槲	〔188〕	からい	辛	〔399〕
おおきい	大	〔66〕		海	〔206〕		辣	〔400〕
おおとり	鳳	〔444〕		灰	〔219〕	からし	芥	〔311〕
おおにら	茘	〔325〕		芥	〔311〕	からたち	枳	〔148〕
おおやけ	公	〔28〕		茴	〔322〕	からむし	苧	〔318〕
オク	奥	〔69〕	かい	貝	〔393〕	かり	雁	〔422〕
おく	奥	〔69〕	ガイ	崖	〔88〕	かわ	川	〔89〕
おけ	桶	〔156〕		艾	〔307〕		河	〔203〕
おさ	筬	〔276〕	かいこ	蚕	〔371〕		皮	〔251〕
おさない	稚	〔269〕	かえる	蛙	〔374〕		革	〔429〕
おす	雄	〔423〕	かおり	香	〔436〕	カン	寒	〔79〕
オチ	榲	〔174〕	かがみ	鏡	〔416〕		柑	〔139〕
おちる	落	〔340〕	かき	垣	〔60〕		橄	〔184〕
オツ	榲	〔174〕	カク	核	〔152〕		甘	〔239〕
おとうと	弟	〔98〕		弧	〔238〕		甲	〔241〕
おとこ	男	〔243〕		藿	〔367〕		眩	〔255〕
おなもみ	葈	〔349〕		角	〔386〕		莧	〔336〕
おに	鬼	〔439〕		革	〔429〕	ガン	丸	〔9〕
おもて	面	〔428〕	ガク	顎	〔432〕		含	〔48〕
おりる	下	〔3〕	がけ	崖	〔88〕		岩	〔86〕
おろち	蟒	〔379〕	かしこい	賢	〔394〕		雁	〔422〕
おん	御	〔101〕	かしら	頭	〔431〕	かんばしい	皀	〔250〕
おんな	女	〔70〕	かしわ	槲	〔181〕			
				櫟	〔188〕	**【き】**		
【か】			かず	数	〔116〕			
			かぞえる	数	〔116〕	キ	姫	〔71〕
カ	下	〔3〕	かたまり	塊	〔62〕		寄	〔78〕
	河	〔203〕	カツ	滑	〔216〕		枳	〔148〕
	火	〔218〕		葛	〔331〕		洎	〔209〕
	瓜	〔237〕		餲	〔435〕		磯	〔261〕
	禾	〔265〕	かつて	曽	〔122〕		鬼	〔439〕
	科	〔266〕	かど	角	〔386〕	き	木	〔126〕
	花	〔310〕	かね	金	〔412〕		黄	〔453〕
	茄	〔314〕	かぶら	蕪	〔355〕	ギ	擬	〔115〕
	華	〔327〕	がま	蒲	〔346〕		洎	〔209〕
	葭	〔342〕	かみ	上	〔5〕		蟻	〔380〕
	蚊	〔370〕		神	〔262〕	キク	椈	〔161〕
	蝦	〔378〕		髪	〔438〕	きく	利	〔34〕
か	蚊	〔370〕	かむ	咬	〔53〕	キツ	桔	〔153〕
ガ	莪	〔328〕	かも	鴨	〔445〕	きつねあざみ	莪	〔328〕
カイ	会	〔21〕	かや	榧	〔176〕	きのえ	甲	〔241〕
	塊	〔62〕		茅	〔315〕	きびしい	辣	〔400〕
	槐	〔175〕		萱	〔338〕	キュウ	久	〔10〕
	檜	〔187〕	かよう	通	〔402〕		九	〔11〕
			から	唐	〔54〕			

音訓よみガイド　さ

		柾	〔145〕	グン	群	〔297〕	幌	〔93〕
		皂	〔250〕		**【け】**		広	〔95〕
ギュウ	牛	裾	〔225〕				枸	〔149〕
キョ		御	〔101〕	ケ	榭	〔188〕	溝	〔217〕
ギョ		魚	〔440〕		芥	〔311〕	甲	〔241〕
きよい		清	〔213〕	け	毛	〔198〕	紅	〔284〕
キョウ		莢	〔329〕	ゲ	下	〔3〕	綱	〔288〕
		郷	〔408〕	ケイ	禊	〔264〕	芒	〔309〕
		鏡	〔416〕		笄	〔275〕	荒	〔320〕
		香	〔436〕		荊	〔326〕	豇	〔391〕
ギョウ		翹	〔300〕		鶏	〔447〕	香	〔436〕
ギョク		玉	〔232〕	ゲイ	艾	〔307〕	黄	〔453〕
きる		着	〔256〕		鯨	〔441〕	ゴウ	合	〔47〕
キン		琴	〔235〕	ケツ	蕨	〔356〕		咬	〔53〕
		芹	〔312〕	ケン	権	〔180〕	こうがい	笄	〔275〕
		金	〔412〕		犬	〔226〕	こうぞ	楮	〔171〕
ギン		銀	〔414〕		眩	〔255〕	コク	梮	〔161〕
					筧	〔336〕		榍	〔181〕
	【く】				萱	〔338〕		石	〔259〕
ク		九	〔11〕		賢	〔394〕		谷	〔389〕
		枸	〔149〕		軒	〔398〕		黒	〔454〕
		狗	〔227〕		眩	〔255〕	ここのつ	九	〔11〕
		紅	〔284〕	ゲン	這	〔404〕	こずえ	杪	〔137〕
		苦	〔316〕				こと	琴	〔235〕
		蒟	〔348〕		**【こ】**		こぼれる	零	〔426〕
クウ		空	〔272〕	コ	古	〔45〕	こまかい	細	〔285〕
くう		喰	〔55〕		戸	〔105〕	コン	蒟	〔348〕
くさ		草	〔321〕		瓠	〔238〕	ゴン	権	〔180〕
くじら		鯨	〔441〕		胡	〔303〕			
くず		葛	〔331〕		葫	〔343〕		**【さ】**	
くだる		下	〔3〕		虎	〔369〕	サ	沙	〔200〕
くちなし		梔	〔158〕	こ	児	〔26〕		莎	〔330〕
くぬぎ		椚	〔165〕		子	〔73〕		靫	〔430〕
		椢	〔166〕		木	〔126〕	サイ	斎	〔118〕
		櫟	〔191〕	ゴ	五	〔15〕		柴	〔140〕
ぐみ		茱	〔323〕		午	〔39〕		細	〔285〕
くらべる		比	〔197〕		呉	〔49〕		西	〔385〕
くるむ		眩	〔255〕		吾	〔50〕		靫	〔430〕
くるしい		苦	〔316〕		御	〔101〕	ザイ	薺	〔360〕
くれ		呉	〔49〕		公	〔28〕	さかえる	栄	〔138〕
くれない		紅	〔284〕		向	〔46〕	さかき	榊	〔168〕
くろ		黒	〔454〕	コウ	咬	〔53〕	さかずき	巵	〔92〕
							さかな	魚	〔440〕

難読/誤読 植物名漢字よみかた辞典

さがる	下	〔3〕	しか	鹿	〔449〕	シュツ	朮	〔130〕
さき	先	〔25〕	シキ	色	〔305〕	ジュツ	朮	〔130〕
サク	搾	〔112〕	しきみ	梻	〔24〕	シュン	蕣	〔352〕
	柞	〔150〕		樒	〔182〕	ジュン	蕣	〔352〕
	簀	〔279〕	ジク	柚	〔147〕	ショ	薯	〔357〕
	酢	〔409〕	しげる	繁	〔292〕	ジョ	女	〔70〕
さくら	桜	〔154〕	しずむ	沈	〔202〕		薯	〔357〕
ざくろ	榴	〔179〕	した	下	〔3〕	ショウ	井	〔14〕
ささげ	豇	〔391〕	シチ	七	〔2〕		小	〔83〕
さす	刺	〔35〕	シツ	湿	〔215〕		松	〔134〕
	指	〔108〕		蛭	〔375〕		杪	〔137〕
さむい	寒	〔79〕	ジツ	実	〔76〕		橡	〔183〕
さや	莢	〔329〕		日	〔120〕		正	〔194〕
さる	猿	〔231〕	しな	品	〔52〕		生	〔240〕
さわ	沢	〔201〕		科	〔266〕		篠	〔278〕
さわら	椹	〔172〕	しの	篠	〔278〕		菖	〔332〕
さわる	障	〔420〕	しのぐ	凌	〔31〕		蛸	〔376〕
サン	三	〔4〕	しのぶ	忍	〔102〕		衝	〔382〕
	山	〔85〕	しば	柴	〔140〕		障	〔420〕
	蚕	〔371〕	しぼる	搾	〔112〕		青	〔427〕
	酸	〔410〕	しめる	占	〔43〕		上	〔5〕
				湿	〔215〕	ジョウ	筬	〔276〕
【し】			しも	下	〔3〕		譲	〔388〕
			シャ	射	〔82〕	しょうぶ	菖	〔332〕
シ	使	〔23〕		柘	〔142〕	ショク	色	〔305〕
	刺	〔35〕		沙	〔200〕		蜀	〔377〕
	四	〔56〕		莎	〔330〕	しろ	白	〔248〕
	子	〔73〕		這	〔404〕	しろがね	銀	〔414〕
	巵	〔92〕		蛇	〔372〕	シン	榛	〔173〕
	指	〔108〕	ジャ	芍	〔308〕		深	〔212〕
	柴	〔140〕	シャク	赤	〔395〕		真	〔254〕
	枳	〔148〕		若	〔317〕		神	〔262〕
	梔	〔158〕	ジャク	雀	〔421〕		秦	〔268〕
	矢	〔257〕	シュ	棕	〔162〕		辛	〔399〕
	砥	〔260〕		珠	〔234〕	ジン	人	〔16〕
	糸	〔283〕		茱	〔323〕		椹	〔172〕
	紫	〔286〕	シュウ	州	〔90〕		神	〔262〕
	蕊	〔349〕		柊	〔144〕		秦	〔268〕
	雌	〔424〕		楸	〔170〕	じんこう	樒	〔182〕
ジ	似	〔22〕		秋	〔267〕			
	児	〔26〕		箒	〔277〕	**【す】**		
	地	〔59〕		舟	〔304〕			
	慈	〔104〕		戢	〔361〕	ス	藪	〔362〕
しお	塩	〔61〕	ジュウ	柔	〔141〕	す	州	〔90〕
			シュク	縮	〔293〕			

		簀	〔279〕		千	〔38〕	たこ	蛸	〔376〕
		酢	〔409〕		占	〔43〕	たすける	扶	〔107〕
ズ		杜	〔132〕		川	〔89〕	ただしい	正	〔194〕
		豆	〔390〕		梢	〔167〕	たつ	立	〔273〕
		頭	〔431〕		浅	〔207〕		竜	〔274〕
スイ		水	〔199〕		銭	〔415〕	たで	蓼	〔353〕
		穂	〔271〕	ぜんまい	薇	〔359〕	たに	谷	〔389〕
		藿	〔367〕				たふ	橳	〔164〕
		誰	〔387〕	**【そ】**			たぶ	橳	〔164〕
すい		酸	〔410〕				たま	玉	〔232〕
スウ		数	〔116〕	ソ	岨	〔87〕		珠	〔234〕
		雛	〔425〕		曽	〔122〕	だれ	誰	〔387〕
すえ		末	〔128〕		祖	〔263〕	タン	椴	〔169〕
すえる		餲	〔435〕		蘇	〔364〕		淡	〔214〕
すぎ		椙	〔174〕	ソウ	曽	〔122〕		耽	〔301〕
すける		透	〔403〕		棕	〔162〕		葴	〔344〕
すず		鈴	〔413〕		棗	〔163〕	ダン	団	〔57〕
すすき		芒	〔309〕		箒	〔277〕		椴	〔169〕
		薄	〔358〕		総	〔289〕		男	〔243〕
すずめ		雀	〔421〕		草	〔321〕		葴	〔344〕
すそ		裾	〔383〕		藪	〔362〕			
すっぽん		鼈	〔455〕		走	〔396〕	**【ち】**		
すべて		総	〔289〕	ゾウ	橡	〔183〕			
すべる		滑	〔216〕	ゾク	続	〔287〕	チ	地	〔59〕
すみ		角	〔386〕		蜀	〔377〕		稚	〔269〕
すもも		李	〔133〕	そば	岨	〔87〕	ちいさい	千	〔38〕
				そら	空	〔272〕		小	〔83〕
【せ】				ソン	孫	〔74〕	ちち	乳	〔12〕
								父	〔224〕
セイ		井	〔14〕	**【た】**			ちぢむ	縮	〔293〕
		正	〔194〕				チャク	着	〔256〕
		清	〔213〕	タ	多	〔64〕		著	〔333〕
		生	〔240〕		太	〔67〕	チュウ	中	〔8〕
		箋	〔276〕	ダ	田	〔242〕	チュツ	朮	〔130〕
		薺	〔360〕		椰	〔159〕	チョ	楮	〔171〕
		西	〔385〕		蛇	〔372〕		猪	〔229〕
		青	〔427〕	タイ	大	〔66〕		苧	〔318〕
セキ		石	〔259〕		太	〔67〕		著	〔333〕
		赤	〔395〕		待	〔99〕	チョウ	朝	〔125〕
セツ		接	〔110〕	ダイ	大	〔66〕		蔦	〔350〕
ぜに		銭	〔415〕		弟	〔98〕		長	〔417〕
せり		芹	〔312〕	たいら	平	〔94〕		鳥	〔443〕
セン		仙	〔18〕	たから	宝	〔77〕	チン	椹	〔172〕
		先	〔25〕	タク	沢	〔201〕		沈	〔202〕

【つ】

ツウ	通	〔402〕
つがい	番	〔245〕
つかう	使	〔23〕
つく	搗	〔113〕
	着	〔256〕
	衝	〔382〕
つぐ	接	〔110〕
つげ	柘	〔142〕
つた	蔦	〔350〕
	蘿	〔368〕
つち	土	〔58〕
つづく	続	〔287〕
つな	綱	〔288〕
つの	角	〔386〕
つばめ	燕	〔223〕
つぶ	皀	〔250〕
つまだてる	翹	〔300〕
つや	艶	〔306〕
つら	面	〔428〕
つらい	辛	〔399〕
つらなる	連	〔405〕
つる	蔓	〔351〕

【て】

テイ	庭	〔96〕
	弟	〔98〕
	梯	〔157〕
	砥	〔260〕
テキ	躑	〔397〕
テン	天	〔68〕
	点	〔221〕
デン	田	〔242〕

【と】

ト	杜	〔132〕
と	戸	〔105〕
ド	土	〔58〕
といし	砥	〔260〕
トウ	唐	〔54〕
	冬	〔63〕
	搗	〔113〕
	東	〔135〕
	桶	〔156〕
	灯	〔220〕
	疼	〔246〕
	稲	〔270〕
	藤	〔281〕
	豆	〔390〕
	透	〔403〕
	頭	〔431〕
とう	籐	〔281〕
ドウ	檬	〔189〕
	洞	〔208〕
とおす	通	〔402〕
とが	科	〔266〕
トク	得	〔100〕
	独	〔228〕
ドク	毒	〔361〕
どくだみ	蕺	〔143〕
とち	栃	〔32〕
トツ	凸	〔433〕
とぶ	飛	〔80〕
とむ	富	〔91〕
ともえ	巴	〔220〕
ともしび	灯	〔369〕
とら	虎	〔443〕
とり	鳥	

【な】

ナ	梛	〔159〕
	那	〔406〕
ない	無	〔222〕
なか	中	〔8〕
ながい	長	〔417〕
なかば	半	〔40〕
なかれ	勿	〔37〕
なぎ	梛	〔159〕
なごむ	和	〔51〕
なずな	薺	〔360〕
なぞらえる	擬	〔115〕
なつめ	棗	〔163〕
なでる	撫	〔114〕
ななつ	七	〔2〕
なまめかしい	艶	〔306〕
なみ	波	〔204〕
なめらか	滑	〔216〕
なれしか	欒	〔450〕
ナン	南	〔41〕

【に】

ニ	二	〔13〕
	児	〔26〕
におう	匂	〔36〕
ニク	肉	〔302〕
にし	西	〔385〕
ニチ	日	〔120〕
ニュウ	乳	〔12〕
	柔	〔141〕
にる	似	〔22〕
にわ	庭	〔96〕
にわとり	鶏	〔447〕
ニン	人	〔16〕
	忍	〔102〕
にんじんほ	荊	〔326〕
にんにく	葫	〔343〕

【ぬ】

ぬなわ	蓴	〔352〕

【ね】

ネイ	寧	〔81〕
	檸	〔189〕
ねこ	猫	〔230〕
ねじる	捩	〔109〕
ネン	捻	〔111〕

【の】

の	野	〔411〕
のき	軒	〔398〕
のぎ	禾	〔265〕
	芒	〔309〕
のぼる	上	〔5〕

音訓よみガイド ふ

【は】

ハ	巴	〔91〕
	波	〔204〕
	菠	〔334〕
は	葉	〔339〕
バ	婆	〔72〕
	馬	〔437〕
はい	灰	〔219〕
バイ	梅	〔155〕
	玫	〔233〕
	貝	〔393〕
はう	這	〔404〕
はえる	栄	〔138〕
ハク	博	〔42〕
	白	〔248〕
	薄	〔358〕
バク	博	〔42〕
	麦	〔451〕
はしご	梯	〔157〕
はしばみ	榛	〔173〕
はしる	走	〔396〕
はた	畑	〔244〕
はたけ	畑	〔244〕
ハチ	八	〔27〕
ばち	枹	〔151〕
ハツ	髪	〔438〕
バツ	茉	〔319〕
はな	花	〔310〕
	華	〔327〕
	鼻	〔456〕
はなぶさ	英	〔313〕
はなやか	華	〔327〕
はね	羽	〔298〕
はねつるべ	桔	〔153〕
はは	母	〔196〕
ばば	婆	〔72〕
ははそ	柞	〔150〕
はま	浜	〔210〕
はますげ	莎	〔330〕
はらう	払	〔106〕
ハン	半	〔40〕
	繁	〔292〕
	飯	〔434〕

バン	万	〔6〕
	晩	〔123〕
	番	〔245〕
	蔓	〔351〕
	蕃	〔354〕

【ひ】

ヒ	枇	〔136〕
	椪	〔176〕
	比	〔197〕
	皮	〔251〕
	緋	〔290〕
	菲	〔335〕
	飛	〔433〕
	鴓	〔448〕
ひ	日	〔120〕
	火	〔218〕
	灯	〔220〕
ビ	枇	〔136〕
	美	〔296〕
	薇	〔359〕
	蘖	〔450〕
	鼻	〔456〕
ひいでる	英	〔313〕
ひいらぎ	柊	〔144〕
ひがし	東	〔135〕
ひく	引	〔97〕
ひくい	矮	〔258〕
ひさぎ	楸	〔170〕
ひさご	瓠	〔238〕
ひさしい	久	〔10〕
ひじき	蘗	〔192〕
ひずみ	歪	〔195〕
ヒチ	篳	〔280〕
ヒツ	篳	〔280〕
	未	〔129〕
	羊	〔295〕
ひと	人	〔16〕
ひとつ	一	〔1〕
ひとり	独	〔228〕
ひな	雛	〔425〕
ひねる	捻	〔111〕
ひのき	檜	〔161〕

	檜	〔187〕
ひめ	姫	〔71〕
ヒャク	百	〔249〕
ひゆ	莧	〔336〕
ヒュウ	皀	〔250〕
ひょ	鴓	〔448〕
ビョウ	杪	〔137〕
	猫	〔230〕
ヒョク	皀	〔250〕
ひら	平	〔94〕
ひる	蛭	〔375〕
ひろい	博	〔42〕
	広	〔95〕
ヒン	品	〔52〕
	檳	〔190〕
	浜	〔210〕
ビン	檳	〔190〕
びんろうじゅ	檳	〔190〕

【ふ】

フ	不	〔7〕
	富	〔80〕
	扶	〔107〕
	枹	〔151〕
	浮	〔211〕
	父	〔224〕
ブ	不	〔7〕
	分	〔33〕
	撫	〔114〕
	無	〔222〕
	蕪	〔355〕
ふかい	深	〔212〕
フク	茯	〔324〕
ブク	茯	〔324〕
ふくべ	葫	〔343〕
ふくむ	含	〔48〕
ふける	耽	〔301〕
ふさ	総	〔289〕
ふたつ	二	〔13〕
フツ	払	〔106〕
ブツ	仏	〔17〕
	勿	〔37〕
ふとい	太	〔67〕

ぶな	橅	〔185〕	ホン	本	〔127〕		蕪	〔355〕
ふね	舟	〔304〕				むかう	向	〔46〕
ふみ	文	〔117〕		【ま】		むぎ	麦	〔451〕
ふゆ	冬	〔63〕				むく	椋	〔160〕
ふるい	古	〔45〕	マ	麻	〔452〕	むくいぬ	尨	〔84〕
ふるさと	郷	〔408〕	マイ	玫	〔233〕	むくげ	葮	〔344〕
フン	分	〔33〕	まがき	籬	〔280〕	むぐら	葎	〔341〕
ブン	分	〔33〕	まご	孫	〔74〕	むしろ	蓆	〔81〕
	文	〔117〕	まこと	真	〔254〕	むっつ	六	〔29〕
			まさ	柾	〔145〕	むらさき	紫	〔286〕
	【へ】		ます	益	〔252〕	むれ	群	〔297〕
			まず	先	〔25〕			
ヘイ	平	〔94〕	マツ	末	〔128〕		【め】	
ベイ	槇	〔177〕		茉	〔319〕			
ヘツ	鼈	〔455〕	まつ	待	〔99〕	め	目	〔253〕
ベツ	鼈	〔455〕		松	〔134〕	メイ	明	〔121〕
べに	紅	〔284〕	まめ	豆	〔390〕	めし	飯	〔434〕
へび	蛇	〔372〕	まる	丸	〔9〕	めす	雌	〔424〕
ヘン	辺	〔401〕	まるい	丸	〔9〕	めまい	眩	〔255〕
				円	〔30〕	メン	面	〔428〕
	【ほ】		マン	万	〔6〕			
				蔓	〔351〕		【も】	
ホ	蒲	〔346〕		鰻	〔442〕			
ほ	穂	〔271〕				モウ	毛	〔198〕
ボ	橅	〔185〕		【み】			芒	〔309〕
	母	〔196〕					蟒	〔379〕
ホウ	宝	〔77〕	ミ	未	〔129〕	モク	木	〔126〕
	枹	〔151〕	み	実	〔76〕		目	〔253〕
	蓬	〔347〕	みず	水	〔199〕	もぐさ	艾	〔307〕
	鳳	〔444〕	みぞ	溝	〔217〕	もじる	捩	〔109〕
ボウ	卯	〔44〕	みそぎ	禊	〔264〕	もたい	甇	〔294〕
	尨	〔84〕	ミツ	橘	〔182〕	モチ	勿	〔37〕
	芒	〔309〕	みっつ	三	〔4〕	もちあわ	朮	〔130〕
	茅	〔315〕	みどり	緑	〔291〕	もと	本	〔127〕
	蟒	〔379〕	みなみ	南	〔41〕	ものいみ	斎	〔118〕
ほうき	箒	〔277〕	みのる	実	〔76〕	もも	百	〔249〕
ほお	朴	〔131〕	ミョウ	明	〔121〕	もり	杜	〔132〕
ボク	木	〔126〕		槇	〔177〕	モン	文	〔117〕
	朴	〔131〕		猫	〔230〕			
ほそい	細	〔285〕					【や】	
ボツ	勿	〔37〕		【む】				
ほとけ	仏	〔17〕				ヤ	夜	〔65〕
ほら	洞	〔208〕	ム	無	〔222〕		野	〔411〕
ほろ	幌	〔93〕						

や	矢	[257]		**【ら】**		レン	茘	[325]	
ヤク	益	[252]					連	[405]	
やすい	安	[75]	ラ	蘿	[368]				
やっつ	八	[27]	ライ	藜	[363]		**【ろ】**		
やなぎ	柳	[146]	ラク	落	[340]				
やぶ	藪	[362]	ラツ	辣	[400]	ロ	蘆	[366]	
やま	山	[85]	ラン	欒	[192]	ロウ	櫟	[191]	
やわらかい	柔	[141]					蠟	[381]	
やわらぐ	和	[51]		**【り】**		ロク	六	[29]	
							緑	[291]	
【ゆ】			リ	利	[34]		鹿	[449]	
				李	[133]				
ユ	油	[205]		茘	[325]		**【わ】**		
	癒	[247]		裏	[384]				
ユウ	有	[124]	リク	六	[29]	ワ	和	[51]	
	柚	[147]		蓼	[353]		萬	[345]	
	蚰	[373]		陸	[419]	ワイ	歪	[195]	
	雄	[423]	リツ	立	[273]		矮	[258]	
ゆがむ	歪	[195]		葎	[341]	わかい	若	[317]	
ゆぎ	靫	[430]	リュウ	柳	[146]	わける	分	[33]	
ゆず	柚	[147]		榴	[179]	わらび	蕨	[356]	
ゆずる	讓	[388]		立	[273]	われ	吾	[50]	
ゆび	指	[108]		竜	[274]	ワン	豌	[392]	
			リョウ	令	[19]				
【よ】				凌	[31]				
				椋	[160]				
よ	夜	[65]		梁	[282]				
ヨウ	咬	[53]		蓼	[353]				
	桶	[156]	リョク	緑	[291]				
	榕	[178]	リン	橉	[186]				
	瓔	[236]		藺	[365]				
	羊	[295]		鈴	[413]				
	葉	[339]							
ヨク	翌	[299]		**【れ】**					
よっつ	四	[56]							
よみがえる	蘇	[364]	レイ	令	[19]				
よもぎ	艾	[307]		捩	[109]				
	蓬	[347]		茘	[325]				
よる	夜	[65]		藜	[363]				
	寄	[78]		鈴	[413]				
よろい	甲	[241]		零	[426]				
よろず	万	[6]	レキ	櫟	[191]				
			レツ	捩	[109]				

部首・総画順ガイド

（1）本文の親字（植物名の先頭第一漢字）を部首順に排列して、その親字の本文での一連番号を〔　〕に囲んで示した。
（2）同じ部首内の漢字は総画数順に排列した。

部首・総画順ガイド

部首1画

一部
- 一 〔1〕
- 七 〔2〕
- 下 〔3〕
- 三 〔4〕
- 上 〔5〕
- 万 〔6〕
- 不 〔7〕

丨部
- 中 〔8〕

丶部
- 丸 〔9〕

丿部
- 久 〔10〕

乙部
- 九 〔11〕
- 乳 〔12〕

部首2画

二部
- 二 〔13〕
- 井 〔14〕
- 五 〔15〕

人部
- 人 〔16〕
- 仏 〔17〕
- 仙 〔18〕
- 令 〔19〕
- 伊 〔20〕
- 会 〔21〕
- 似 〔22〕
- 使 〔23〕
- 榊 〔24〕

儿部
- 先 〔25〕
- 児 〔26〕

八部
- 八 〔27〕
- 公 〔28〕
- 六 〔29〕

冂部
- 円 〔30〕

冫部
- 凌 〔31〕

凵部
- 凸 〔32〕

刀部
- 分 〔33〕
- 利 〔34〕
- 剌 〔35〕

勹部
- 匂 〔36〕
- 勿 〔37〕

十部
- 千 〔38〕
- 午 〔39〕
- 半 〔40〕
- 南 〔41〕
- 博 〔42〕

卜部
- 占 〔43〕

卩部
- 卯 〔44〕

部首3画

口部
- 古 〔45〕
- 向 〔46〕
- 合 〔47〕
- 含 〔48〕
- 呉 〔49〕
- 吾 〔50〕
- 和 〔51〕
- 品 〔52〕
- 咬 〔53〕
- 唐 〔54〕
- 喰 〔55〕

囗部
- 四 〔56〕
- 団 〔57〕

土部
- 土 〔58〕
- 地 〔59〕
- 垣 〔60〕
- 塩 〔61〕
- 塊 〔62〕

夂部
- 冬 〔63〕

夕部
- 多 〔64〕
- 夜 〔65〕

大部
- 大 〔66〕
- 太 〔67〕
- 天 〔68〕
- 奥 〔69〕

女部
- 女 〔70〕
- 姫 〔71〕
- 婆 〔72〕

子部
- 子 〔73〕
- 孫 〔74〕

宀部
- 安 〔75〕
- 実 〔76〕
- 宝 〔77〕
- 寄 〔78〕
- 寒 〔79〕
- 富 〔80〕
- 寧 〔81〕

寸部
- 射 〔82〕

小部
- 小 〔83〕

尢部
- 尨 〔84〕

山部
- 山 〔85〕
- 岩 〔86〕
- 岨 〔87〕
- 崖 〔88〕

巛部
- 川 〔89〕
- 州 〔90〕

己部
- 巴 〔91〕
- 巵 〔92〕

巾部
- 幌 〔93〕

干部
- 平 〔94〕

广部
- 広 〔95〕
- 庭 〔96〕

弓部
- 引 〔97〕
- 弟 〔98〕

彳部
- 待 〔99〕
- 得 〔100〕
- 御 〔101〕

部首4画

心部
- 忍 〔102〕
- 愛 〔103〕
- 慈 〔104〕

戸部
- 戸 〔105〕

手部
- 払 〔106〕
- 扶 〔107〕
- 指 〔108〕
- 捩 〔109〕
- 接 〔110〕
- 捻 〔111〕
- 搾 〔112〕
- 搗 〔113〕
- 撫 〔114〕
- 擬 〔115〕

支部
- 数 〔116〕

文部
- 文 〔117〕
- 斎 〔118〕

方部
- 於 〔119〕

日部
- 日 〔120〕
- 明 〔121〕
- 曽 〔122〕
- 晩 〔123〕

月部
- 有 〔124〕
- 朝 〔125〕

木部
- 木 〔126〕
- 本 〔127〕
- 末 〔128〕
- 未 〔129〕
- 朮 〔130〕
- 朴 〔131〕
- 杜 〔132〕
- 李 〔133〕
- 松 〔134〕
- 東 〔135〕
- 枇 〔136〕
- 杪 〔137〕
- 栄 〔138〕
- 柑 〔139〕
- 柴 〔140〕
- 柔 〔141〕
- 柘 〔142〕
- 栃 〔143〕
- 柊 〔144〕
- 柾 〔145〕
- 柳 〔146〕
- 柚 〔147〕
- 枳 〔148〕
- 枸 〔149〕
- 柞 〔150〕
- 枹 〔151〕
- 核 〔152〕
- 桔 〔153〕
- 桜 〔154〕
- 梅 〔155〕

部首・総画順ガイド

桶 [156]
梯 [157]
梔 [158]
梛 [159]
椋 [160]
梅 [161]
棕 [162]
棗 [163]
梆 [164]
椪 [165]
椚 [166]
楮 [167]
榊 [168]
椴 [169]
楸 [170]
楮 [171]
椹 [172]
榛 [173]
榲 [174]
槐 [175]
榧 [176]
槇 [177]
榕 [178]
榴 [179]
権 [180]
榭 [181]
樒 [182]
橡 [183]
橄 [184]
橅 [185]
橉 [186]
檜 [187]
檞 [188]
檸 [189]
檳 [190]
檪 [191]
欒 [192]
欝 [193]

止部
正 [194]
歪 [195]

母部
母 [196]

比部
比 [197]

毛部
毛 [198]

水部
水 [199]
沙 [200]
沢 [201]
沈 [202]
河 [203]
波 [204]
油 [205]
海 [206]
浅 [207]
洞 [208]
泊 [209]
浜 [210]
浮 [211]
深 [212]
清 [213]
淡 [214]
湿 [215]
滑 [216]
溝 [217]

火部
火 [218]
灰 [219]
灯 [220]
点 [221]
無 [222]
燕 [223]

父部
父 [224]

牛部
牛 [225]

犬部
犬 [226]
狗 [227]
独 [228]
猪 [229]
猫 [230]
猿 [231]

部首5画

玉部
玉 [232]
玫 [233]
珠 [234]
琴 [235]
瓔 [236]

瓜部
瓜 [237]
瓠 [238]

甘部
甘 [239]

生部
生 [240]

田部
甲 [241]
田 [242]
男 [243]
畑 [244]
番 [245]

广部
疼 [246]
癒 [247]

白部
白 [248]
百 [249]
皀 [250]

皮部
皮 [251]

皿部
益 [252]

目部
目 [253]
真 [254]
眩 [255]
着 [256]

矢部
矢 [257]
矮 [258]

石部
石 [259]

砥 [260]
磯 [261]

示部
神 [262]
祖 [263]
禊 [264]

禾部
禾 [265]
科 [266]
秋 [267]
秦 [268]
稚 [269]
稲 [270]
穂 [271]

穴部
空 [272]

立部
立 [273]
竜 [274]

部首6画

竹部
笄 [275]
筬 [276]
箒 [277]
篠 [278]
簀 [279]
簞 [280]
籐 [281]

米部
梁 [282]

糸部
糸 [283]
紅 [284]
細 [285]
紫 [286]
統 [287]
綱 [288]
総 [289]
緋 [290]
緑 [291]
繁 [292]

縮 [293]

缶部
罌 [294]

羊部
羊 [295]
美 [296]
群 [297]

羽部
羽 [298]
翠 [299]
翹 [300]

耳部
耽 [301]

肉部
肉 [302]
胡 [303]

舟部
舟 [304]

色部
色 [305]
艶 [306]

艸部
艾 [307]
芍 [308]
芒 [309]
花 [310]
芥 [311]
芹 [312]
英 [313]
茄 [314]
茅 [315]
苦 [316]
若 [317]
苧 [318]
茉 [319]
荒 [320]
草 [321]
茴 [322]
茱 [323]
茯 [324]
茘 [325]
荊 [326]
華 [327]

莪 〔328〕	虫部	足部	雛 〔425〕	鳳 〔444〕
茨 〔329〕	蚊 〔370〕	躑 〔397〕	雨部	鴨 〔445〕
莎 〔330〕	蚕 〔371〕	車部	零 〔426〕	鵜 〔446〕
葛 〔331〕	蛇 〔372〕	軒 〔398〕	青部	鶏 〔447〕
莒 〔332〕	蚰 〔373〕	辛部	青 〔427〕	鷽 〔448〕
著 〔333〕	蛙 〔374〕	辛 〔399〕		鹿部
菠 〔334〕	蛭 〔375〕	辣 〔400〕	部首9画	鹿 〔449〕
菲 〔335〕	蛸 〔376〕	辵部		麋 〔450〕
莧 〔336〕	蜀 〔377〕	辺 〔401〕	面部	
葷 〔337〕	蝦 〔378〕	通 〔402〕	面 〔428〕	麥部
萱 〔338〕	蟒 〔379〕	透 〔403〕	革部	麦 〔451〕
葉 〔339〕	蟻 〔380〕	這 〔404〕	革 〔429〕	麻部
落 〔340〕	蠟 〔381〕	連 〔405〕	靫 〔430〕	麻 〔452〕
葎 〔341〕	行部	邑部	頁部	
葭 〔342〕	衝 〔382〕	那 〔406〕	頭 〔431〕	部首12画
葫 〔343〕	衣部	郁 〔407〕	顎 〔432〕	
葭 〔344〕	裾 〔383〕	郷 〔408〕	飛部	黄部
萵 〔345〕	裏 〔384〕	酉部	飛 〔433〕	黄 〔453〕
蒲 〔346〕	両部	酢 〔409〕	食部	黒部
蓬 〔347〕	西 〔385〕	酸 〔410〕	飯 〔434〕	黒 〔454〕
蒟 〔348〕		里部	餲 〔435〕	
蒙 〔349〕	部首7画	野 〔411〕	香部	部首13画
蔦 〔350〕			香 〔436〕	
蔓 〔351〕	角部	部首8画		黽部
蓴 〔352〕	角 〔386〕		部首10画	鼈 〔455〕
蓼 〔353〕	言部	金部		
蕃 〔354〕	誰 〔387〕	金 〔412〕	馬部	部首14画
蕉 〔355〕	譲 〔388〕	鈴 〔413〕	馬 〔437〕	
蕨 〔356〕	谷部	銀 〔414〕	髟部	鼻部
薯 〔357〕	谷 〔389〕	銭 〔415〕	髪 〔438〕	鼻 〔456〕
薄 〔358〕	豆部	鏡 〔416〕	鬼部	
薇 〔359〕	豆 〔390〕	長部	鬼 〔439〕	
薺 〔360〕	豇 〔391〕	長 〔417〕		
蕺 〔361〕	豌 〔392〕	阜部	部首11画	
藪 〔362〕	貝部	阿 〔418〕		
藜 〔363〕	貝 〔393〕	陸 〔419〕	魚部	
蘇 〔364〕	賢 〔394〕	障 〔420〕	魚 〔440〕	
蘭 〔365〕	赤部	隹部	鯨 〔441〕	
蘆 〔366〕	赤 〔395〕	雀 〔421〕	鰻 〔442〕	
藿 〔367〕	走部	雁 〔422〕	鳥部	
蘿 〔368〕	走 〔396〕	雄 〔423〕	鳥 〔443〕	
虍部		雌 〔424〕		
虎 〔369〕				

難読誤読 植物名漢字よみかた辞典

部首1画《一部》

【1】 一

一位 いちい [7]
イチイ科の常緑高木。別名アララギ、オンコ、オッコ。高さは20m。園芸植物。高山植物。薬用植物。

一拳 ひとこぶし [10]
サクラソウ科のサクラソウの品種。園芸植物。

一葉 ひとつば [12]
ウラボシ科の常緑性シダ。別名イワノカワ、イワグミ、イワガシワ。葉の裏面は密に星状毛でおおわれる。葉柄は長さ7〜20cm。葉身は卵形から広披針形。園芸植物。薬用植物。

【2】 七

七化羊歯 ななばけしだ [4]
オシダ科の常緑性シダ。葉は長さ50〜100cm。葉身は長楕円形〜卵形。園芸植物。

【3】 下

下花 さがりばな [7]
サガリバナ科の常緑高木。高さは15m。花は白または赤を帯び、夜開き朝は落下する。園芸植物。熱帯植物。

【4】 三

三本草 みつもとそう [5]
バラ科の多年草。別名ミナモトソウ。高さは30〜100cm。

三椏 みつまた [12]
ジンチョウゲ科の落葉低木。別名キズイコウ。高さは1〜2m。園芸植物。薬用植物。切り花に用いられる。

三鈷茸 さんこたけ [13]
アカカゴタケ科のキノコ。小型〜中型。腕(托枝)は3本(まれに4〜5本)、悪臭。

三槲 みつがしわ [15]
ミツガシワ科(リンドウ科)の多年生の抽水植物。別名ミズハンゲ。各小葉は卵状楕円形、縁に鈍鋸歯。高さは20〜40cm。花は白色。園芸植物。高山植物。薬用植物。

【5】 上

上不見桜 うわみずざくら [4]
バラ科の落葉高木。別名クソザクラ、コンゴウザクラ。高さは15m。花は白色。園芸植物。薬用植物。

上溝桜 うわみずざくら [13]
バラ科の落葉高木。別名クソザクラ、コンゴウザクラ。高さは15m。花は白色。園芸植物。薬用植物。

【6】万

⁶万年青　おもと
ユリ科の多年草。葉長30〜50cm。花は淡黄色。園芸植物。薬用植物。

燕万年青　つばめおもと
波万年青　はまおもと
紫万年青　むらさきおもと

【7】不

¹²不喰芋　くわずいも
サトイモ科の多年草。別名イシイモ、デシイモ、ドクイモ。葉の先端は上向、根茎澱粉質。高さは約100cm。園芸植物。熱帯植物。薬用植物。

部首1画《丨部》

【8】中

⁶中安　なかやす
アブラナ科のハナナの品種。別名ナバナ。園芸植物。

部首1画《丶部》

【9】丸

¹²丸葉面高　まるばおもだか
オモダカ科の一年生または多年生水草。高さ30〜100cm、花は白色。園芸植物。日本絶滅危惧植物。

部首1画《ノ部》

【10】久

⁷久良良　くらら
マメ科の多年草。別名マトリグサ、クサエンジュ。高さは60〜150cm。薬用植物。

部首1画《乙部》

【11】九

²九十九草　つくもぐさ
キンポウゲ科の多年草。高さは10〜30cm。園芸植物。高山植物。

¹⁵九輪雪筆　くりんゆきふで
タデ科の多年草。高さは20〜40cm。高山植物。

【12】乳

⁹乳茸刺　ちだけさし
ユキノシタ科の多年草。高さは30〜80cm。薬用植物。

部首2画《二部》

【13】二

⁸二並草　ふたなみそう
キク科の草本。高山植物。

【14】井

井の許草　いのもとそう
イノモトソウ科（ワラビ科）の常緑性シダ。別名ケイソクソウ、トリノアシ。葉身は長さ60cm。頂羽片のはっきりした単羽状。園芸植物。薬用植物。

[3] 井口辺草　いのもとそう
イノモトソウ科（ワラビ科）の常緑性シダ。別名ケイソクソウ、トリノアシ。葉身は長さ60cm。頂羽片のはっきりした単羽状。園芸植物。薬用植物。

【15】五

[5] 五加　うこぎ
ウコギ科の落葉低木。

毛山五加　けやまうこぎ
田五加木　たうこぎ
姫五加木　ひめうこぎ
柳田五加木　やなぎたうこぎ
山五加　やまうこぎ

部首2画《人部》

【16】人

[6] 人字草　じんじそう
ユキノシタ科の多年草。別名モミジバダイモンジソウ。高さは10～30cm。

【17】仏

[4] 仏手柑　ぶしゅかん
ミカン科の木本。園芸植物。熱帯植物。薬用植物。

【18】仙

[2] 仙人掌　さぼてん
サボテン科の常緑多年草。

[14] 仙蓼　せんりょう
センリョウ科の常緑小低木。高さは50～100cm。花は黄緑色。園芸植物。薬用植物。

【19】令

[8] 令法　りょうぶ
リョウブ科の落葉低木または高木。別名ハタツモリ。高さは3～7m。花は白色。園芸植物。薬用植物。

【20】伊

[6] 伊多止利　いたどり
タデ科の多年草。別名サイタヅマ、タチヒ。茎には縦条、葉柄赤。高さは30～150cm。園芸植物。熱帯植物。薬用植物。

【21】会

[9] 会津身不知　あいずみしらず
カキノキ科のカキの品種。別名会津柿、身不知、西念寺。果皮は帯黄紅色。

【22】似

⁷似我蜂草 じがばちそう

ラン科の多年草。高さは10～20cm。花は帯暗紫色。園芸植物。

【23】使

⁷使君子 しくんし

シクンシ科のつる性低木。別名カラクチナシ。高さは7～8m。花は初め白、後赤色。園芸植物。熱帯植物。薬用植物。

【24】梻

梻 しきみ

シキミ科（モクレン科）の常緑小高木。別名ハナノキ、コウノキ、ハカバナ。花被は細長く淡黄色。園芸植物。熱帯植物。薬用植物。

部首2画《儿部》

【25】先

¹⁰先島蘇方木 さきしますおうのき

アオギリ科の常緑高木。葉裏銀白、褐点。熱帯植物。

【26】児

⁴児手柏 このてがしわ

ヒノキ科の観賞用小木。多枝上向性。高さは1～2m。園芸植物。熱帯植物。薬用植物。

部首2画《八部》

【27】八

⁵八代草 やつしろそう

キキョウ科の草本。園芸植物。日本絶滅危機植物。

⁹八咫の鏡 やたのかがみ

ツツジ科のサツキの品種。園芸植物。

【28】公

¹⁰公孫樹 いちょう

イチョウ科の落葉高木。別名ギンナン（銀杏）。高さは30m。樹皮は褐灰色。園芸植物。薬用植物。

【29】六

⁷六折草 むつおれぐさ

イネ科の抽水性の多年草。別名ミノゴメ、タムギ。高さ30～60cm、葉身は線形。

部首2画《冂部》

【30】円

⁸円実野漆 まるみのうるし

トウダイグサ科の草本。薬用植物。

¹²円椎 つぶらじい

ブナ科の常緑高木。別名コジイ、

部首2画《冫部》

【31】凌

凌霄花[15] のうぜんかずら
ノウゼンカズラ科の落葉性つる植物。別名ノウゼン、ノショウ。高さは10m。花は濃橙赤色。園芸植物。薬用植物。

凌霄葉蓮 のうぜんはれん
ノウゼンハレン科の多年草。

部首2画《凵部》

【32】凸

凸柑[9] ぽんかん
ミカン科の木本。別名員林蜜柑、新埔蜜柑。果柄部に小突起がある。園芸植物。薬用植物。

部首2画《刀部》

【33】分

分葱[12] わけぎ
ユリ科の栽培植物。濃緑葉をもつ。園芸植物。

【34】利

利休梅[6] りきゅうばい
バラ科の落葉低木。別名マルバヤギザクラ、ウメザキウツギ、バイカシモツケ。高さは3〜4m。園芸植物。

【35】刺

刺草[9] いらくさ
イラクサ科の多年草。別名イタイタグサ、イライラクサ。高さは40〜80cm。薬用植物。

部首2画《勹部》

【36】匂

匂紫羅蘭花[11] においあらせいとう
アブラナ科の一年草または多年草。高さは30〜80cm。花は黄色。園芸植物。薬用植物。

【37】勿

勿忘草[7] わすれなぐさ
ムラサキ科の多年草。別名ウォーター・フォーゲット・ミー・ノット。花は径8mm、鮮青色。高さは20〜40cm。園芸植物。高山植物。切り花に用いられる。

部首2画《十部》

【38】千

¹²千賀磯 ちがいそ

チガイソ科（コンブ科）。別名サルメン、サルメンワカメ。

【39】午

¹⁰午時花 ごじか

アオギリ科の一年草。別名キンセンカ。高さは50〜200cm。花は赤色。園芸植物。熱帯植物。

【40】半

³半山羊歯 はやましだ

チャセンシダ科のシダ植物。

【41】南

⁶南瓜 かぼちゃ

ウリ科の果菜類。別名ニホンカボチャ、トウナス。鮮果の果肉に芳香。花は黄色。園芸植物。熱帯植物。薬用植物。

¹³南殿 なでん

バラ科の木本。別名ムシャザクラ。

¹⁸南藤胡椒 なんとうごしょう

コショウ科の薬用植物。

【42】博

⁵博打木 ばくちのき

バラ科の常緑高木。別名ビラン、ビランジュ、ネツサマシ。薬用植物。

部首2画《卜部》

【43】占

⁶占地 しめじ

担子菌類の食用きのこ。

一本占地 いっぽんしめじ
黄占地 きしめじ

部首2画《卩部》

【44】卯

⁴卯木 うつぎ

ユキノシタ科の落葉低木。別名ウノハナ、ウツギノハナ。高さは2m。花は白色。園芸植物。薬用植物。

部首3画《口部》

【45】古

⁵古加之木 こがのき

クスノキ科の常緑高木。別名コガノキ、カゴガシ、カノコガ。薬用植物。

【46】向

向日葵 ひまわり[4]

キク科の一年草。別名ヒグルマ（日車）、テンジクアオイ（天竺葵）、ニチリンソウ（日輪草）。高さは90～200cm。花は黄または淡橙黄色。園芸植物。薬用植物。切り花に用いられる。

小向日葵　こひまわり
白妙向日葵　しろたえひまわり
姫向日葵　ひめひまわり

【47】合

合歓 ねむのき[15]

マメ科の落葉小高木。別名コウカ、コウカギ。高さは10m。花は紅色。樹皮は暗褐色。園芸植物。薬用植物。

銀合歓　ぎんねむ
草合歓　くさねむ
合歓木　ねむのき
姫銀合歓　ひめぎんねむ
紅合歓　べにごうかん

【48】含

含羞草 おじぎそう[11]

マメ科の多年草または一年草。別名ネムリグサ。葉敏感に運動、緑肥。高さは30～50cm。花はピンク色。園芸植物。熱帯植物。

【49】呉

呉茱萸 ごしゅゆ[9]

ミカン科の落葉低木。別名ニセゴシュユ。高さは2.5m。園芸植物。薬用植物。

【50】吾

吾木香 われもこう[4]

バラ科の多年草。別名ウマズイカ、ダンゴバナ。高さは30～100cm。園芸植物。薬用植物。切り花に用いられる。

千島吾木香　ちしまわれもこう
長穂の白吾木香　ながほのしろわれもこう

吾亦紅 われもこう[6]

バラ科の多年草。別名ウマズイカ、ダンゴバナ。高さは30～100cm。園芸植物。薬用植物。切り花に用いられる。

【51】和

和活柚 かかつがゆ[9]

クワ科の木本。別名ヤマミカン、ソンノイゲ。若葉は生食、材や根は黄色染料になる。熱帯植物。

【52】品

品字藻 ひんじも[6]

ウキクサ科の沈水性の浮遊植物。別名サンカクナ。葉状体は半透明で、広披針形～狭卵形、長さ7～10mm。日本絶滅危機植物。

【53】咬

咬嚼吧水仙[13]

じゃがたらずいせん
ヒガンバナ科の多年草、球根植物。花は赤色。園芸植物。

【54】唐

³唐土草　もろこしそう
サクラソウ科の多年草。別名ヤマクネンボ、アンダグサ、ヤマクニブー。高さは20〜80cm。薬用植物。

唐大黄　からだいおう
タデ科の薬用植物。

唐子木楓　からこぎかえで
カエデ科の雌雄同株の落葉小高木。樹高10m。樹皮は暗灰褐色。

⁷唐芥子　とうがらし
ナス科の京野菜。別名ウワムキトウガラシ、ソラムキトウガラシ。種子着点に辛味成分カプサイシンあり。花は白色。熱帯植物。薬用植物。

唐辛子　とうがらし
ナス科の京野菜。別名ウワムキトウガラシ、ソラムキトウガラシ。種子着点に辛味成分カプサイシンあり。花は白色。熱帯植物。薬用植物。

⁸唐松　からまつ
マツ科の落葉高木。別名シンシュウカラマツ、ニホンカラマツ。高さは30m。樹皮は帯赤褐色。園芸植物。高山植物。

唐法師殻　とぼしがら
イネ科の多年草。高さは30〜60cm。

¹²唐黍　もろこし
イネ科の草本。別名ソルガム、ナミモロコシ。穀実食用、果穂は垂下性のものと直立性。高さは3〜4m。園芸植物。熱帯植物。

唐唐黍　とうもろこし

¹³唐楓　とうかえで
カエデ科の雌雄同株の落葉高木。別名通天、通天楓。高さは15m。樹皮は灰褐色。園芸植物。

¹⁷唐檜　とうひ
マツ科の常緑高木。別名ニレモミ、テイノキ、トラノオモミ。高山植物。

【55】喰

喰裂紙　くいさきがみ
サクラソウ科のサクラソウの品種。園芸植物。

部首3画《口部》

【56】四

¹²四葉繁縷　よつばはこべ
ナデシコ科の一年草。高さは10〜20cm。薬用植物。

【57】団

¹⁰団扇野老　うちわどころ
ヤマノイモ科の多年生つる草。別名コウモリドコロ。薬用植物。

部首3画《土部》

【58】土

⁶土芋　ほどいも
マメ科の多年生つる草。高さは100〜150cm。

¹¹土鳥黐　つちとりもち
ツチトリモチ科の寄生植物。別名ヤマデラボウズ。塊根は淡褐色、鱗片葉は肉色。高さは5〜10cm。花穂は血赤色。熱帯植物。

【59】地

⁶地百足　じむかで
ツツジ科のわい小低木。高山植物。

¹³地蜈蚣　じむかで
ツツジ科のわい小低木。高山植物。

【60】垣

¹⁰垣通　かきどおし
シソ科の多年草。別名カントリソウ。高さは5〜25cm。薬用植物。

【61】塩

¹⁰塩莎草　しおくぐ
カヤツリグサ科の多年草。別名ハマクグ。高さは30〜50cm。

【62】塊

塊　ほどいも
マメ科の多年生つる草。高さは100〜150cm。

⁶塊芋　ほどいも
マメ科の多年生つる草。高さは100〜150cm。

部首3画《夂部》

【63】冬

⁸冬青　そよご
モチノキ科の常緑低木。別名フクラシバ。高さは3〜7m。花は白色。樹皮は灰緑色。園芸植物。

部首3画《夕部》

【64】多

⁶多行松　たぎょうしょう
マツ科。別名ウツクシマツ、タンヨウショウ、タママツ。園芸植物。

【65】夜

³夜叉五倍子

やしゃぶし

カバノキ科の落葉高木。別名ミネバリ。高さは10〜15m。園芸植物。

[17] 夜糞峰榛　よぐそみねばり

カバノキ科の落葉高木。別名ミズメ。

部首3画《大部》

【66】大

[4] 大木蓮子　おおいたび

クワ科の常緑つる植物。園芸植物。熱帯植物。薬用植物。

[5] 大半夏　おおはんげ

サトイモ科の多年草。仏炎苞は緑色または帯紫色。高さは20〜50cm。園芸植物。薬用植物。

[7] 大花朮　おおばなおけら

キク科の多年草。高さは30〜40cm。花は紫紅色。園芸植物。薬用植物。

大角豆　ささげ

マメ科の果菜類。別名ナガササゲ、ジュウロウササゲ。花は白あるいは紫色。園芸植物。薬用植物。

野大角豆　のささげ
柊野大角豆　ひいらぎのささげ

大谷渡　おおたにわたり

チャセンシダ科（ウラボシ科）の常緑性シダ。別名タニワタリ、ミツナガシワ。葉身は長さ1m。広披針形。園芸植物。日本絶滅危機植物。

[8] 大房藻　おおふさも

アリノトウグサ科の多年生の抽水植物。別名ヌマフサモ。茎は径5mm前後、赤みがかる。長さ1m。園芸植物。

[9] 大茴香　だいういきょう

シキミ科の小木。別名トウシキミ。花被は短形で赤色、シキミより大形。園芸植物。熱帯植物。薬用植物。

大要黐　おおかなめもち

バラ科の常緑高木。別名ナガバカナメモチ。高さは6〜14m。花は白色。樹皮は灰褐色。園芸植物。薬用植物。

大風子　だいふうしのき

イイギリ科の高木。果実は褐色径10cm、種子褐色、種衣白。熱帯植物。薬用植物。

[10] 大浜朴　おおはまぼう

アオイ科の常緑小高木。花は黄、中心暗赤色。熱帯植物。

[11] 大黄　だいおう

タデ科の多年草。高さは3m。花は緑白色。園芸植物。薬用植物。

[12] 大葉子　おおばこ

オオバコ科の多年草。別名オンバ

コ、スモトリバナ。高さは10〜50cm。園芸植物。熱帯植物。薬用植物。

蝦夷大葉子　えぞおおばこ
唐大葉子　とうおおばこ
白山大葉子　はくさんおおばこ
箆大葉子　へらおおばこ
水大葉子　みずおおばこ

大葉夜叉五倍子
おおばやしゃぶし

カバノキ科の落葉高木。園芸植物。薬用植物。

[13]大蒜　にんにく

ユリ科のハーブ。別名ヒル（蒜）、オオビル（葫）。高さは0.5〜1m。園芸植物。薬用植物。

大裏白の木
おおうらじろのき

バラ科の落葉高木。別名オオズミ、ヤマリンゴ、ズミノキ。樹高12m。樹皮は紫褐色。

大鉄蕨
おおかなわらび

オシダ科の常緑性シダ。葉身は長さ35〜75cm。卵状楕円形。

【67】太

[4]太水雲　ふともずく

ナガマツモ科の海藻。別名スノリ。体は15cm。

【68】天

[5]天台烏薬

てんだいうやく

クスノキ科の常緑低木。別名ウヤク。花は黄色。園芸植物。薬用植物。

[8]天突　てんつき

カヤツリグサ科の一年草（温帯）〜少数年生の多年草（暖帯・熱帯）。高さは10〜60cm（ナガボ除く）。

[15]天衝　てんつき

カヤツリグサ科の一年草（温帯）〜少数年生の多年草（暖帯・熱帯）。高さは10〜60cm（ナガボ除く）。

[18]天鷺毛蕊花
びろーどもうずいか

ゴマノハグサ科の多年草。別名ニワタバコ。高さは100〜200cm。花は黄色。園芸植物。高山植物。薬用植物。

【69】奥

[7]奥車葎
おくくるまむぐら

アカネ科の草本。別名チョウセンクルマムグラ。

部首3画《女部》

【70】女

[9]女郎花　おみなえし

オミナエシ科の多年草。別名オミナメシ（女飯）、アワバナ（粟花）。高さは60〜100cm。花は黄色。園芸植物。薬用植物。切り花に用いられる。

【71】姫

姫烏頭 ひめうず [10]

キンポウゲ科の多年草。別名トンボソウ。高さは10〜30cm。園芸植物。薬用植物。

姫雰余子羊歯 ひめむかごしだ [12]

イノモトソウ科（コバノイシカグマ科、ワラビ科）の常緑性シダ。葉身は長さ50〜70cm。卵状披針形から三角状卵形。

姫榊 ひさかき [13]

ツバキ科の常緑低木。別名ムニンヒサカキ、シマヒサカキ。花は帯黄白色。園芸植物。熱帯植物。

【72】婆

婆羅門参 ばらもんじん [19]

キク科の越年草。別名サルシファイ、セイヨウゴボウ。高さは40〜90cm。花は青紫色。園芸植物。

部首3画《子部》

【73】子

子負苔 こおいごけ [9]

ヒシャクゴケ科のコケ。黄緑色、茎は長さ3〜7cm。

【74】孫

孫杓子 まごじゃくし [7]

マンネンタケ科のキノコ。小型〜中型。傘は帯紫褐色〜黒褐色、ニス状光沢。園芸植物。薬用植物。

部首3画《宀部》

【75】安

安石榴 ざくろ [5]

ザクロ科の落葉高木。別名ジャクロ、ジャクリュウ。果皮は黄、陽向面は紅色。花は赤色。園芸植物。熱帯植物。薬用植物。

【76】実

実太棗 さねぶとなつめ [4]

クロウメモドキ科の薬用植物。別名シナナツメ。花は黄色。園芸植物。

実栗 みくり [10]

ミクリ科の多年生の抽水植物。別名ヤガラ。全高は0.6〜2m、果実は紡錘形で長さ6〜8mm。日本絶滅危機植物。薬用植物。

実葛 さねかずら [11]

マツブサ科の常緑つる植物。別名ビナンカズラ。花は黄白色。園芸植物。薬用植物。

【77】宝

宝鐸草 ほうちゃくそう
[21]

ユリ科の多年草。高さは30〜60cm。花は帯緑白色。園芸植物。

【78】寄

寄生木 やどりぎ
[5]

ヤドリギ科の常緑低木。別名ホヤ、ホヨ、トビヅタ。薬用植物。

【79】寒

寒枯藺 かんがれい
[9]

カヤツリグサ科の多年生の抽水植物。桿は長さ50〜130cm、小穂は長楕円形。園芸植物。熱帯植物。

【80】富

富貴草 ふっきそう
[12]

ツゲ科の常緑の半低木。別名キッショウソウ（吉祥草）、キチジソウ（吉事草）。高さは20〜30cm。園芸植物。薬用植物。

【81】寧

寧波金柑 にんぽうきんかん
[8]

ミカン科。別名ネイハキンカン、メイワキンカン。果実は縦径3cmほど。高さは2m。園芸植物。

部首3画《寸部》

【82】射

射干 しゃが
[3]

アヤメ科の多年草。別名コチョウカ。高さは30〜70cm。花は白色。園芸植物。

姫射干　ひめしゃが

部首3画《小部》

【83】小

小小ん坊 しゃしゃんぼ
[3]

ツツジ科の常緑低木。別名ワクラハ、サシブノキ。

小水葱 こなぎ
[4]

ミズアオイ科の抽水性の一年草。花は青紫（コバルト）色で径1.5〜2cm。高さは10〜30cm。熱帯植物。薬用植物。

小米草 こごめぐさ
[6]

ゴマノハグサ科の草本。別名イブキコゴメグサ。

小豆 あずき
[7]

マメ科の薬用植物。別名ショウズ。花は黄色。園芸植物。

蔓小豆　つるあずき
唐小豆　とうあずき
姫野小豆　ひめのあずき
藪蔓小豆　やぶつるあずき

小貝母　こばいも

ユリ科の球根性多年草。別名テンガイユリ。高さは10〜20cm。花は淡桃色。園芸植物。

小赤麻　こあかそ

イラクサ科の小低木。別名キアカソ。高さは50〜100cm。

[8] 小茄子　こなすび

サクラソウ科の多年草。高さは15〜20cm。花は黄色。園芸植物。

部首3画《尢部》

【84】尨

[4] 尨毛湿気羊歯　むくげしけしだ

オシダ科の夏緑性シダ。葉身は長さ35〜40cm。長楕円形から長楕円状披針形。

部首3画《山部》

【85】山

[6] 山芋　やまのいも

ヤマノイモ科の多年生つる草。別名ジネンジョ、ジネンジョウ。長さ1m。花は白色。園芸植物。薬用植物。

[7] 山豆根　さんずこん

マメ科の常緑小低木。薬用植物。

山赤車使者　やまみず

イラクサ科の一年草。高さは10〜20cm。

[8] 山奈　さんな

ショウガ科の多年草。根茎は芳香。高さは1m。花は黄色。園芸植物。熱帯植物。薬用植物。

山河首烏　やまがしゅう

ユリ科のつる生低木。

[9] 山査子　さんざし

バラ科の落葉低木。別名オオバサンザシ。高さは1.5m。花は白色。園芸植物。薬用植物。

赤実山査子　あかみさんざし
大山査子　おおさんざし
大実山査子　おおみさんざし
黒味山査子　くろみさんざし
常磐山査子　ときわさんざし
藪山査子　やぶさんざし

山胡淑　やまこうばし

クスノキ科の落葉低木。別名モチギ、ヤマコショウ。花は黄緑色。園芸植物。

山茶花　さざんか

ツバキ科の常緑小高木。別名コツバキ、アブラチャ、カイコウ。高さは7〜10m。花は白色。園芸植物。薬用植物。

山茱萸　さんしゅゆ

ミズキ科の落葉高木。別名アキサンゴ、ハルコガネバナ。高さは6〜7m。花は黄色。園芸植物。薬用植物。

山部（岩, 岨）

山香　やまこうばし
クスノキ科の落葉低木。別名モチギ、ヤマコショウ。花は黄緑色。園芸植物。

[10] 山桜桃　ゆすらうめ
バラ科の落葉低木。果皮は紅色。高さは2〜3m。花は白あるいは淡紅色。園芸植物。薬用植物。

山荷葉　さんかよう
メギ科の多年草。高さは30〜60cm。高山植物。薬用植物。

[11] 山梔子　くちなし
アカネ科の常緑低木。別名ガーデニア。高さは1.5mから数m。花は純白色。園芸植物。薬用植物。

山黄櫨　やまはぜ
ウルシ科の落葉高木。別名ハゼノキ、ハニシ。高さは6m。園芸植物。薬用植物。

[12] 山葵　わさび
アブラナ科の香辛野菜。別名エウトレマ・ヤポニカ。高さは35〜45cm。花は白色。園芸植物。薬用植物。

山葵木　わさびのき
ワサビノキ科の落葉小高木。葉はマツカゼソウに似る。花は黄色。熱帯植物。薬用植物。

[15] 山鴇草　やまときそう
ラン科の多年草。高さは10〜20cm。花は白色。園芸植物。高山植物。

[19] 山鶏椒　あおもじ
クスノキ科の落葉低木。別名コショウノキ、ショウガノキ。花は淡黄色。園芸植物。薬用植物。切り花に用いられる。

【86】岩

[4] 岩手薊　がんじゅあざみ
キク科の多年草。高さは70〜100cm。高山植物。

[7] 岩沢瀉　いわおもだか
ウラボシ科の常緑性シダ。別名トキワオモダカ。葉身は長さ5〜15cm。三角状披針形〜披針形。園芸植物。

[9] 岩茵陳　いわいんちん
キク科の多年草。別名インチンヨモギ。高さは10〜20cm。高山植物。

[10] 岩根　いわがね
イラクサ科の落葉低木。別名ヤブマオ、コショウボク、カワシロ。
岩根薇　いわがねぜんまい
岩根草　いわがねそう

[11] 岩菲　がんぴ
ナデシコ科の一年草または多年草。別名ガンピセンノウ。高さは40〜60cm。花は朱紅色。園芸植物。

【87】岨

[11] 岨菜　そばな
キキョウ科の多年草。別名ヤマソ

バ。高さは40〜100cm。薬用植物。

【88】崖

⁵崖石榴 いたびかずら
クワ科の常緑つる植物。別名ツタカズラ。

部首3画《巛部》

【89】川

⁷川芎 せんきゅう
セリ科の薬用植物。
大葉川芎　おおばせんきゅう
白根川芎　しらねせんきゅう
深山川芎　みやませんきゅう

¹⁰川烏頭擬 せんうずもどき
キンポウゲ科。

¹²川萵苣 かわぢしゃ
ゴマノハグサ科の越年草。高さは10〜60cm。薬用植物。

【90】州

¹⁰州浜草 すはまそう
キンポウゲ科の多年草。別名ユキワリソウ。高さは10〜15cm。園芸植物。

部首3画《己部》

【91】巴

⁷巴豆 はず
トウダイグサ科の低木。別名ハズノキ。木はカクレミノの感じ。高さ3m。熱帯植物。薬用植物。

【92】卮

³卮子 くちなし
アカネ科の常緑低木。別名ガーデニア。高さは1.5mから数m。花は純白色。園芸植物。薬用植物。

部首3画《巾部》

【93】幌

⁶幌向草 ほろむいそう
ホロムイソウ科の多年草。別名エゾゼキショウ、ホリソウ。高さは10〜30cm。高山植物。

部首3画《干部》

【94】平

⁶平江帯 ひごたい
キク科の多年草。高さは1m。日本絶滅危機植物。
白根平江帯　しらねひごたい
高嶺平江帯　たかねひごたい
姫平江帯　ひめひごたい
深山平江帯　みやまひごたい

矢筈平江帯　やはずひごたい
雪葉平江帯　ゆきばひごたい

¹²平無核　ひらたねなし
カキノキ科のカキの品種。別名庄内柿、八珍。

部首3画《广部》

【95】広

¹²広葉桂　ひろはかつら
カツラ科の落葉低木または高木。葉は少し大形の広心臓形。園芸植物。高山植物。

【96】庭

⁵庭石菖　にわぜきしょう
アヤメ科の多年草。高さは20〜40cm。花は菫、中心が黄色。園芸植物。

¹¹庭常　にわとこ
スイカズラ科の落葉低木。別名セッコツボク。園芸植物。薬用植物。

部首3画《弓部》

【97】引

¹⁰引起　ひきおこし
シソ科の多年草。別名エンメイソウ。高さは50〜100cm。薬用植物。

【98】弟

⁴弟切草　おとぎりそう
オトギリソウ科の多年草。別名アオクスリ、タカノキズクスリ。高さは50〜60cm。園芸植物。薬用植物。

西洋弟切草　せいようおとぎりそう

部首3画《イ部》

【99】待

¹⁰待宵草　まつよいぐさ
アカバナ科の一年草または二年草。別名ヤハズキンバイ。高さは30〜100cm。花は黄色。園芸植物。薬用植物。

【100】得

¹⁵得撫草　うるっぷそう
ウルップソウ科の多年草。別名ハマレンゲ。高さは10〜30cm。園芸植物。高山植物。

【101】御

³御山火口　おやまぼくち
キク科の多年草。高さは1〜1.5m。

⁶御衣黄　ぎょいこう
バラ科のサクラの品種。園芸植物。

⁹御柳　ぎょりゅう
ギョリュウ科の落葉小高木。別名

サツキギョリュウ。高さは6m。花は淡紅色。園芸植物。薬用植物。

部首4画《心部》

【102】忍

[4]忍木　しのぶのき

ヤマモガシ科の木本。別名キヌガシワ、シノブノキ、ハゴロモガシワ。高さは30m。花は金色。園芸植物。

[5]忍冬　すいかずら

スイカズラ科の半常緑つる性低木。別名ニンドウ。花は初め白後に黄色。園芸植物。薬用植物。

【103】愛

[24]愛鷹躑躅　あしたかつつじ

ツツジ科の半常緑の低木または高木。

【104】慈

[8]慈姑　くわい

オモダカ科の根菜類。別名シロクワイ、ツラワレ、タイモ。長さ30cm。花は白色。園芸植物。薬用植物。

犬黒慈姑　いぬくろぐわい
黒慈姑　くろぐわい

部首4画《戸部》

【105】戸

[14]戸練子　とねりこ

モクセイ科の落葉高木。別名サトトネリコ、タモ。高さは15m。園芸植物。薬用植物。

戸隠連朶　とがくしでんだ

オシダ科の夏緑性シダ。別名ケンザンデンダ、カラフトイワデンダ。葉身は長さ4〜10cm。線状披針形から卵状披針形。

部首4画《手部》

【106】払

[3]払子茅　ほっすがや

イネ科の多年草。高さは100〜160cm。

払子藻　ほっすも

イバラモ科の一年生水草。葉は3輪生状、葉鞘の先が耳状に突き出て尖る。熱帯植物。

【107】扶

[10]扶桑司　ふそうつかさ

ボタン科の牡丹の園芸品種。園芸植物。

扶桑花　ぶっそうげ

アオイ科の常緑低木または小高木。別名リュウキュウムクゲ。高さは

2〜5m。花は赤黄、白、桃など。
園芸植物。熱帯植物。薬用植物。

【108】指

指切　ゆいきり
テングサ科の海藻。別名トリノアシ、トリアシ。体は5〜20cm。

【109】捩

捩木　ねじき
ツツジ科の落葉低木。別名カシオシミ。薬用植物。

捩花　ねじばな
ラン科の多年草。別名モジズリ。高さは10〜40cm。花は淡紅色。園芸植物。

【110】接

接骨木　にわとこ
スイカズラ科の落葉低木。園芸植物。薬用植物。

蝦夷接骨木　えぞにわとこ
西洋接骨木　せいようにわとこ

【111】捻

捻杉　よれすぎ
スギ科。別名クサリスギ、ホウオウスギ。園芸植物。

【112】搾

搾菜　ざーさい
アブラナ科の中国野菜。

【113】搗

搗布　かじめ
コンブ科の海藻。別名ノロカジメ、アマタ。円柱状。体は1〜2m。

【114】撫

撫子　なでしこ
ナデシコ科の多年草。別名カワラナデシコ、ヤマトナデシコ、トコナツ。高さは30〜80cm。園芸植物。薬用植物。

大文字撫子　だいもんじなでしこ
高嶺撫子　たかねなでしこ
立田撫子　たつたなでしこ
紅撫子　べになでしこ
虫取撫子　むしとりなでしこ
紫撫子　むらさきなずな

【115】擬

擬宝珠　ぎぼうし
ユリ科の多年草。別名ウルイ、タキナ、ヤマカンピョウ。園芸植物。

部首4画《支部》

【116】数

数珠根の木　じゅずねのき
アカネ科の常緑低木。別名オオバジュズネノキ。

数珠球　じゅずだま
イネ科の一年草。別名ズズゴ、ト

ウムギ。苞鞘は緑から黒、灰白と変化。高さは80〜200cm。園芸植物。熱帯植物。薬用植物。

部首4画《文部》

【117】文

[5] 文目 あやめ

アヤメ科の多年草。別名ハナアヤメ。高さは30〜50cm。花は紫色。園芸植物。薬用植物。切り花に用いられる。

【118】斎

[15] 斎墩果 えごのき

エゴノキ科の落葉小高木〜高木。別名チシャノキ、セッケンノキ。高さは7〜8m。花は白色。樹皮は濃灰褐色。園芸植物。薬用植物。

部首4画《方部》

【119】於

[16] 於瓢 おひょう

ニレ科の落葉高木。別名オヒョウニレ、アツシ、アツニヤジナ。高さは25m。園芸植物。薬用植物。

部首4画《日部》

【120】日

[11] 日野菜 ひのな

アブラナ科の野菜。別名アカナ。

[13] 日照子 ひでりこ

カヤツリグサ科の一年草。高さは10〜45cm。

【121】明

[4] 明日葉 あしたば

セリ科のハーブ。別名アシタグサ、ハチジョウソウ。若い茎葉や蕾を食用とする。高さは80〜120cm。園芸植物。薬用植物。

明日檜 あすなろ

ヒノキ科の常緑高木。別名アスヒ、シラビ、ヒバ。高さは30m。樹皮は紫褐色。園芸植物。薬用植物。

明日檜葛 あすひかずら

ヒカゲノカズラ科の常緑性シダ。表面は緑色で裏面は淡緑色。高さ10〜30cm。

[10] 明党参 みんとうじん

セリ科の薬用植物。

【122】曽

[7] 曽良末米 そらまめ

マメ科の果菜類。別名トウマメ、ヤマトマメ。高さは1m。花は白か淡紫色。園芸植物。

【123】晩

[3] 晩三吉 おくさんきち

バラ科のナシの品種。別名晩三、三吉。果皮は黄褐色。

部首4画《月部》

【124】有

[5] 有加利樹　ゆーかりのき
フトモモ科のハーブ。別名アオゴムノキ。園芸植物。薬用植物。

【125】朝

[17] 朝鮮松　ちょうせんごよう
マツ科の常緑高木。別名チョウセンマツ、カラマツ。高さは30m。樹皮は暗灰色。園芸植物。高山植物。薬用植物。

部首4画《木部》

【126】木

[4] 木五倍子　きぶし
キブシ科の落葉低木。別名キフジ、マメフジ。高さは4m。花は黄色。園芸植物。薬用植物。

木天蓼　またたび
マタタビ科（サルナシ科）の落葉つる性低木。別名ナツウメ。花は白色。園芸植物。薬用植物。
深山木天蓼　みやままたたび

[5] 木付子　きぶし
キブシ科の落葉低木。別名キフジ、マメフジ。高さは4m。花は黄色。園芸植物。薬用植物。

[6] 木瓜　ぼけ
バラ科の落葉低木。別名カラボケ、カンボケ。高さは1〜2m。花は淡紅、緋紅、白など。園芸植物。薬用植物。切り花に用いられる。
草木瓜　くさぼけ
香篆木瓜　こうてんぼけ

木百香　もくびゃっこう
キク科の常緑小低木。花は黄色。園芸植物。

木耳　きくらげ
キクラゲ科のキノコ。別名ミミキノコ、モクジ。小型〜中型。子実体は耳形、肉はゼラチン質。園芸植物。薬用植物。

[10] 木通　あけび
アケビ科のつる性の落葉木。別名ヤマヒメ、アケビカズラ、ハダカズラ。花は紅紫色。園芸植物。薬用植物。
五葉木通　ごようあけび
土木通　つちあけび
三葉木通　みつばあけび

[11] 木患子　もくげんじ
ムクロジ科の落葉高木。別名センダンバノボダイジュ、モクレンジ。高さは10〜12m。花は黄色。樹皮は淡褐色。園芸植物。薬用植物。

木斛　もっこく
ツバキ科の常緑高木。別名アカモモ、ブッポノキ、ペヘノキ。高さは10〜15m。花は黄色。園芸植物。薬用植物。

¹³木賊 とくさ

トクサ科の常緑性シダ。茎は高さ数十cmから1m。園芸植物。薬用植物。切り花に用いられる。
犬木賊　いぬどくさ
水木賊　みずどくさ

¹⁵木槿 むくげ

アオイ科の落葉小高木または低木。別名モクゲ、ハチス、キハチス。高さは3〜4m。花は淡青紫、白、ピンクなど。園芸植物。薬用植物。
白花木槿　しろばなむくげ
白八重木槿　しろやえむくげ
八重咲き木槿　やえざきむくげ

【127】本

⁷本呉茱萸 ほんごうそう

ホンゴウソウ科の多年生腐生植物。高さは3〜8cm。

【128】末

¹⁴末摘花 すえつむはな

ツツジ科のツツジの品種。園芸植物。

【129】未

⁹未草 ひつじぐさ

スイレン科の多年生の浮葉植物。別名スイレン。浮葉は楕円形〜卵形、花弁は白色で多数。葉径10〜20cm。園芸植物。

【130】朮

朮 おけら

キク科の多年草。若い葉は綿毛をかぶってやわらかい。高さは30〜100cm。花は帯白色。園芸植物。薬用植物。
大花朮　おおばなおけら
莪朮　がじゅつ
細葉朮　ほそばおけら

【131】朴

朴 ほおのき

モクレン科の落葉高木。別名ホオガシワ、ホオガシワノキ、ウマノベロ。樹高30m。花は白色。樹皮は灰色。園芸植物。薬用植物。

⁴朴木 ほおのき

モクレン科の落葉高木。別名ホオガシワ、ホオガシワノキ、ウマノベロ。樹高30m。花は白色。樹皮は灰色。園芸植物。薬用植物。

【132】杜

⁸杜松 ねず

ヒノキ科の常緑低木。別名ネズミサシ、ムロ。高さは10〜15m。園芸植物。薬用植物。
這杜松　はいねず
本土深山杜松　ほんどみやまねず
深山杜松　みやまねず

杜若 かきつばた

アヤメ科の多年草。別名カオバナ、カオヨグサ。高さは50〜70cm。花は紫色。園芸植物。薬用植物。

木部（李, 松, 東, 枇, 杪, 栄, 柑, 柴）

[18] 杜鵑草　ほととぎす
ユリ科の多年草。高さは40～100cm。園芸植物。

黄花杜鵑草　きばなのほととぎす
上﨟杜鵑草　じょうろうほととぎす
台湾杜鵑草　たいわんほととぎす
高隈杜鵑草　たかくまほととぎす
玉川杜鵑草　たまがわほととぎす
山杜鵑草　やまほととぎす

【133】李

李　すもも
バラ科の落葉小高木。別名ハタンキョウ、イクリ。果肉は黄色または紫紅色。花は白色。園芸植物。薬用植物。

【134】松

[8] 松明花　たいまつばな
シソ科の多年草。別名モナルダ、ビーバーム。高さは50～150cm。花は深紅色。園芸植物。切り花に用いられる。

【135】東

[1] 東一花　あずまいちげ
キンポウゲ科の多年草。別名ウラベニイチゲ。高さは15～20cm。花は白色。園芸植物。薬用植物。

東一華　あずまいちげ
キンポウゲ科の多年草。別名ウラベニイチゲ。高さは15～20cm。花は白色。園芸植物。薬用植物。

【136】枇

[8] 枇杷　びわ
バラ科の常緑高木。高さは10m。花は白色。園芸植物。薬用植物。

【137】杪

[23] 杪欏　へご
ヘゴ科の常緑性シダ。別名タイワンヘゴ、リュウキュウヘゴ。葉身は長さ40～60cm。倒卵状長楕円形。園芸植物。

【138】栄

[16] 栄樹　さかき
ツバキ科の常緑小高木。別名ミサカキ、ホンサカキ。高さは10m。花は白で後に黄色。園芸植物。

栄樹葛　さかきかずら

【139】柑

[3] 柑子　こうじ
ミカン科の薬用植物。別名ウスカワミカン、ツチコウジ。高さは3～4m。園芸植物。

【140】柴

[9] 柴胡　さいこ
ミシマサイコの根を乾燥した生薬。

河原柴胡　かわらさいこ
鈴柴胡　すずさいこ
白山柴胡　はくさんさいこ

蛍柴胡　ほたるさいこ
三島柴胡　みしまさいこ
礼文柴胡　れぶんさいこ

【141】柔

⁶柔羊歯　やわらしだ

オシダ科（ヒメシダ科）の夏緑性シダ。葉身は長さ30cm。広拔針形。

【142】柘

¹²柘植　つげ

ツゲ科の常緑低木。別名ホンツゲ、アサマツゲ、ヒメツゲ。園芸植物。薬用植物。

¹⁴柘榴　ざくろ

ザクロ科の落葉高木。別名ジャクロ、ジャクリュウ。果皮は黄、陽向面は紅色。花は赤色。園芸植物。熱帯植物。薬用植物。

【143】栃

栃　とちのき

トチノキ科（ムクロジ科）の落葉高木。高さは30m。花はクリーム色。園芸植物。薬用植物。

栃内草　とちないそう

【144】柊

柊　ひいらぎ

モクセイ科の常緑高木〜小高木。別名オニサシ、オニノメサシ、メツキシバ。高さは10m。花は白色。園芸植物。

¹⁰柊連朶

ひいらぎでんだ

オシダ科の常緑性シダ。別名カラフトデンダ。葉身は長さ10〜20cm。線形〜線状披針形。園芸植物。

¹¹柊野大角豆　ひいらぎのささげ

マメ科の京野菜。

【145】柾

柾　まさき

ニシキギ科の常緑低木。別名オオバマサキ、ナガバマサキ。高さは2〜3m。花は帯緑白色。園芸植物。薬用植物。

蔓柾　つるまさき
針蔓柾木　はりつるまさき

【146】柳

¹⁹柳蘭　やなぎらん

アカバナ科の多年草。高さは0.5〜1m。花は紅紫色。園芸植物。高山植物。

【147】柚

⁹柚香菊　ゆうがぎく

キク科の多年草。高さは40〜150cm。

【148】枳

枳　からたち

ミカン科の落葉または常緑低木。別名キコク。高さは2m。花は白色。園芸植物。薬用植物。

木部（枳,柞,枸,核,桔,桜,梅,桶）

[11]枳殻　からたち
ミカン科の落葉または常緑低木。別名キコク。高さは2m。花は白色。園芸植物。薬用植物。

【149】枸

[16]枸橘　からたち
ミカン科の落葉または常緑低木。別名キコク。高さは2m。花は白色。園芸植物。薬用植物。

【150】柞

柞　いすのき
マンサク科の常緑高木。別名ヒョンノキ、ユシノキ。高さは20m。園芸植物。

【151】枹

[7]枹杞　くこ
ナス科の落葉低木。果実は赤、葉・果・根は民間薬。高さは1～2m。花は淡紫紅色。園芸植物。熱帯植物。薬用植物。

【152】核

[4]核太棗　さねぶとなつめ
クロウメモドキ科の薬用植物。別名シナナツメ。花は黄色。園芸植物。

【153】桔

[11]桔梗　ききょう
キキョウ科の多年草。別名オカトトキ。高さは40～100cm。花は青紫色。園芸植物。薬用植物。切り花に用いられる。

岩桔梗　いわぎきょう
乙女桔梗　おとめぎきょう
桔梗蘭　ききょうらん
沢桔梗　さわぎきょう
谷桔梗　たにぎきょう
千島桔梗　ちしまぎきょう

【154】桜

[10]桜桃　ゆすらうめ
バラ科の落葉低木。果皮は紅色。高さは2～3m。花は白あるいは淡紅色。園芸植物。薬用植物。

桜桃　さくらんぼ
バラ科。別名オウトウ、セイヨウミザクラ。園芸植物。薬用植物。

酸果桜桃　さんかおうとう

【155】梅

[10]梅桃　ゆすらうめ
バラ科の落葉低木。果皮は紅色。高さは2～3m。花は白あるいは淡紅色。園芸植物。薬用植物。

[16]梅樹苔　うめのきごけ
ウメノキゴケ科の地衣植物。地衣体背面は灰白から灰緑色。園芸植物。薬用植物。

【156】桶

[9]桶柑　たんかん
ミカン科。果面は濃橙色。園芸植物。

難読/誤読 植物名漢字よみかた辞典

【157】梯

梯姑 でいこ
マメ科の観賞用高木。別名デーク、ディーグ。花は赤色。園芸植物。熱帯植物。薬用植物。

【158】梔

梔子 くちなし
アカネ科の常緑低木。別名ガーデニア。高さは1.5mから数m。花は純白色。園芸植物。薬用植物。

梔子草 くちなしぐさ

【159】梛

梛 なぎ
マキ科の常緑高木。別名チカラシバ、ベンケイノチカラシバ。高さは25m。花は黄白色。園芸植物。

梛筏 なぎいかだ

【160】椋

椋木 むくのき
ニレ科の落葉高木。別名ムクエノキ、ムク、モク。高さは20m。園芸植物。薬用植物。

【161】椈

椈 ぶな
ブナ科の落葉高木。別名シロブナ、ホンブナ、ソバグリ。園芸植物。高山植物。

犬椈 いぬぶな

【162】棕

棕櫚 しゅろ
ヤシ科の常緑高木。別名ワジュロ。高さは5〜10m。花は緑がかった淡黄色。樹皮は褐色。園芸植物。薬用植物。

【163】棗

棗 なつめ
クロウメモドキ科の落葉高木。果皮は黄褐色。園芸植物。薬用植物。

核太棗 さねぶとなつめ
棗椰子 なつめやし
浜棗 はまなつめ

【164】椨

椨 たぶのき
クスノキ科の常緑高木。別名イヌグス、ダマ、ダモ。高さは10〜15m。園芸植物。薬用植物。

【165】椪

椪柑 ぽんかん
ミカン科の木本。別名員林蜜柑、新埔蜜柑。果柄部に小突起がある。園芸植物。薬用植物。

【166】椚

椚 くぬぎ
ブナ科の落葉高木。別名クノギ、ドングリ、ドングリマキ。高さは10〜15m。樹皮は灰褐色。園芸植物。薬用植物。

【167】椚

椚 あべまき
ブナ科の落葉高木。別名アベ、ワタクヌギ、ワタマキ。高さは15m。樹皮は淡灰褐色。園芸植物。薬用植物。

【168】榊

榊 さかき
ツバキ科の常緑小高木。別名ミサカキ、ホンサカキ。高さは10m。花は白で後に黄色。園芸植物。

【169】椴

椴松 とどまつ
マツ科の常緑高木。別名アカトドマツ。高さは25m。園芸植物。高山植物。

青椴松　あおとどまつ

【170】楸

楸 きささげ
ノウゼンカズラ科の落葉高木。高さは10m。花は淡黄色。園芸植物。薬用植物。

【171】楮

楮 こうぞ
クワ科の落葉低木。別名ヒメコウゾ、カミキ。葉は卵形。園芸植物。薬用植物。

蔓楮　つるこうぞ
姫楮　ひめこうぞ

【172】椹

椹 さわら
ヒノキ科の常緑高木。別名サワラギ。高さは30～40m。花は紫褐色。樹皮は赤褐色。園芸植物。高山植物。

【173】榛

榛 はしばみ
カバノキ科の落葉低木。別名オヒョウハシバミ、オオハシバミ。薬用植物。

大榛　おおはしばみ
西洋榛　せいようはしばみ
角榛　つのはしばみ
深山榛擬　みやまはんもどき
夜糞峰榛　よぐそみねばり

榛木 はんのき
カバノキ科の落葉高木。別名ソロバンノキ、ハノキ。高さは15～20m。園芸植物。

河原榛木　かわらはんのき
桜葉榛木　さくらばはんのき
深山河原榛木　みやまかわらはんのき
深山榛木　みやまはんのき
矢筈榛木　やはずはんのき
山榛木　やまはんのき

【174】榲

榲桲 まるめろ
バラ科の落葉高木。別名カマクラカイドウ、マルメ。樹高5m。花は白または淡紅色。樹皮は紫褐色。園芸植物。薬用植物。

木部（槐,榧,榠,榕,榴,権,槲,樒,橡）

【175】槐

槐 えんじゅ
マメ科の落葉高木。高さは20m。樹皮は灰褐色。園芸植物。薬用植物。
- 犬槐　いぬえんじゅ
- 島槐　しまえんじゅ
- 花槐　はなえんじゅ
- 跳実犬槐　はねみいぬえんじゅ
- 針槐　はりえんじゅ

【176】榧

榧 かや
イチイ科の常緑高木または低木。別名カヤノキ、ホンガヤ。高さは30m。園芸植物。薬用植物。
- 犬榧　いぬがや
- 榧蘭　かやらん
- 矮鶏榧　ちゃぼがや
- 這犬榧　はいいぬがや
- 紅榧蘭　べにかやらん

【177】榠

榠樝 かりん
バラ科の落葉小高木〜高木。別名アンランジュ。果皮は黄色。高さは8m。花は淡紅色。園芸植物。薬用植物。

【178】榕

榕樹 がじゅまる
クワ科の常緑高木。別名タイワンマツ、ヨウジュ（榕樹）。高さは20m。園芸植物。薬用植物。

【179】榴

榴樫 こぶがし
クスノキ科の常緑高木。

【180】権

権萃 ごんずい
ミツバウツギ科の落葉小高木。別名キツネノチャブクロ、クロクサギ。高さは3〜6m。花は淡緑色。園芸植物。

【181】槲

槲 かしわ
ブナ科の落葉高木。別名カシワギ、カシワノキ、モチガシワ。高さは10〜15m。園芸植物。薬用植物。

【182】樒

樒 しきみ
シキミ科（モクレン科）の常緑小高木。別名ハナノキ、コウノキ、ハカバナ。花被は細長く淡黄色。園芸植物。熱帯植物。薬用植物。
- 打出深山樒　うちだしみやましきみ
- 烏樒　からすしきみ
- 蔓樒　つるしきみ
- 深山樒　みやましきみ

【183】橡

橡 くぬぎ
ブナ科の落葉高木。別名クノギ、ドングリ、ドングリマキ。高さは10〜15m。樹皮は灰褐色。園芸植物。薬用植物。

橡 とちのき

トチノキ科（ムクロジ科）の落葉高木。高さは30m。花はクリーム色。園芸植物。薬用植物。

赤花橡木　あかばなとちのき
橡葉人参　とちばにんじん
紅花橡木　べにばなとちのき

【184】橄

²⁵橄欖　おりーぶ

モクセイ科の常緑高木。別名オレイフ。果実は長卵形の石果。高さは10m。花は乳白色。園芸植物。薬用植物。

橄欖　かんらん

カンラン科の高木。別名ウオノホネヌキ。熱帯植物。

【185】橅

橅　ぶな

ブナ科の落葉高木。別名シロブナ、ホンブナ、ソバグリ。園芸植物。高山植物。

犬橅　いぬぶな

【186】橉

⁴橉木　りんぼく

バラ科の常緑高木。別名ヒイラギガシ、カタザクラ。

【187】檜

¹⁰檜扇　ひおうぎ

アヤメ科の多年草。別名カラスオウギ、ウバダマ、ヌバタマ。高さは50〜120cm。花は黄赤色。園芸植物。薬用植物。切り花に用いられる。

¹²檜葉　ひば

ヒノキの園芸品種の総称。

岩檜葉　いわひば
黄金忍檜葉　おうごんしのぶひば
片檜葉　かたひば
孔雀檜葉　くじゃくひば
忍檜葉　しのぶひば
垂柳檜葉　すいりゅうひば
矮鶏檜葉　ちゃぼひば
檜葉宿生木　ひのきばやどりぎ
檜葉苔　ひばごけ
比翼檜葉　ひよくひば

¹³檜榁杉　ひむろ

ヒノキ科。別名ヤワラスギ、シモフリヒバ、アヤスギ。園芸植物。

【188】檞

檞　かしわ

ブナ科の落葉高木。別名カシワギ、カシワノキ、モチガシワ。高さは10〜15m。園芸植物。薬用植物。

【189】檸

¹⁷檸檬　れもん

ミカン科のハーブ。果面は黄色。花は紫色。園芸植物。熱帯植物。薬用植物。

【190】檳

檳榔　びろう [13]
ヤシ科の常緑高木。別名ワビロウ。

　檳榔樹　びんろうじゅ

【191】櫟

櫟　くぬぎ
ブナ科の落葉高木。別名クノギ、ドングリ、ドングリマキ。高さは10〜15m。樹皮は灰褐色。園芸植物。薬用植物。

【192】欒

欒樹　もくげんじ [16]
ムクロジ科の落葉高木。別名センダンバノボダイジュ、モクレンジ。高さは10〜12m。花は黄色。樹皮は淡褐色。園芸植物。薬用植物。

【193】欝

欝金　うこん [8]
ショウガ科の多年草。別名クルクマ、キゾメグサ、ウッチン。花序は葉叢中から出る。花は白色。園芸植物。熱帯植物。薬用植物。

部首4画《止部》

【194】正

正木　まさき [4]
ニシキギ科の常緑低木。別名オオバマサキ、ナガバマサキ。高さは2〜3m。花は帯緑白色。園芸植物。薬用植物。

【195】歪

歪り花　まがりばな
アブラナ科。別名クッキョクカ、イベリス。高さは20〜30cm。花は白色。園芸植物。切り花に用いられる。

部首4画《母部》

【196】母

母豆久　もずく [7]
モズク科の海藻。粘質にとむ。体は30cm。

部首4画《比部》

【197】比

比比羅木　ひいらぎ [4]
モクセイ科の常緑高木〜小高木。別名オニサシ、オニノメサシ、メツキシバ。高さは10m。花は白色。園芸植物。

比要　ひえ [9]
イネ科の草本。熱帯植物。

部首4画《毛部》

【198】毛

毛山五加　けやまうこぎ [3]
ウコギ科の落葉低木。別名オニウコギ、オオウコギ。

⁴毛犬稗　けいぬびえ
イネ科の草本。別名クロイヌビエ。

⁷毛豆久　もずく
モズク科の海藻。粘質にとむ。体は30cm。

⁸毛狐野牡丹　けきつねのぼたん
キンポウゲ科の一年草または越年草。高さは45〜60cm。薬用植物。

⁹毛柿　けがき
カキノキ科の高木。葉はインドゴムのよう。花は白色。熱帯植物。

¹⁰毛根笹　けねざさ
イネ科の木本。別名ミヤコネザサ、ムロネザサ、オニメダケ。

¹⁵毛蕊花　もうずいか
ゴマノハグサ科の多年草。別名ニワタバコ。高さは50〜150cm。花は黄色。園芸植物。

部首4画《水部》

【199】水

⁶水瓜　すいか
ウリ科の野菜。蔓の長さ7〜10m。花は黄色。園芸植物。熱帯植物。薬用植物。

⁸水松　すいしょう
スギ科の木本。別名イヌスギ、ミズマツ。樹高10m。樹皮は灰褐色。園芸植物。

¹²水雲　もずく
モズク科の海藻。粘質にとむ。体は30cm。

¹⁴水際芥　みぎわがらし
アブラナ科の草本。

¹⁶水繁縷　みずはこべ
アワゴケ科の一年生(越年生?)の沈水性〜浮葉〜湿生植物。茎は水中で明るい緑白色のパッチをなす。

²¹水蠟樹　いぼたのき
モクセイ科の落葉低木。高さは2〜5m。花は白色。園芸植物。薬用植物。

²⁵水鼈　とちかがみ
トチカガミ科の浮遊性の多年草。別名ドウガメバス、スッポンノカガミ、カエルエンザ。葉身は円形、花弁は3枚で白色。園芸植物。

【200】沙

⁸沙参　しゃじん
キキョウ科の属総称。ツリガネニンジンの漢名。
岩沙参　いわしゃじん
細葉沙参　さいようしゃじん
四手沙参　しでしゃじん
唐沙参　とうしゃじん
白山沙参　はくさんしゃじん
雛沙参　ひなしゃじん
姫沙参　ひめしゃじん
藻岩沙参　もいわしゃじん

【201】沢

[13] 沢塞 さわふたぎ
ハイノキ科の落葉低木。別名ニシゴリ、ルリミノウシコロシ。園芸植物。

耽羅沢塞 たんなさわふたぎ

沢蓋木 さわふたぎ
ハイノキ科の落葉低木。別名ニシゴリ、ルリミノウシコロシ。園芸植物。

[18] 沢瀉 おもだか
オモダカ科の抽水性の多年草。別名ハナグワイ。矢尻形の葉身。高さは20～80cm。花は白色。園芸植物。薬用植物。

【202】沈

[2] 沈丁花 じんちょうげ
ジンチョウゲ科の常緑低木。別名チョウジグサ、リンチョウ、ズイコウ。高さは1m。園芸植物。薬用植物。

覆輪白花沈丁花 ふくりんしろばなじんちょうげ

[9] 沈香 じんこう
ジンチョウゲ科の高木。果皮は短毛密布。熱帯植物。薬用植物。

【203】河

[10] 河原母子 かわらははこ
キク科の多年草。高さは30～50cm。薬用植物。

河骨 こうほね
スイレン科の多年生水草。別名カワホネ。花は径3～5cmで黄色、果実は卵形で緑色。長さ20～30cm。園芸植物。薬用植物。

尾瀬河骨 おぜこうほね
根室河骨 ねむろこうほね
姫河骨 ひめこうほね

【204】波

[12] 波斯菊 はるしゃぎく
キク科の一年草。別名クジャクソウ、ジャノメソウ。高さは50～120cm。花は鮮黄色。園芸植物。

【205】油

[19] 油瀝青 あぶらちゃん
クスノキ科の落葉低木。別名ムラダチ、ズサ、ゴロハラ。花は雄花は黄、雌花は緑黄色。園芸植物。

【206】海

[4] 海仁草 まくり
フジマツモ科の海藻。別名カイニンソウ。円柱状。体は5～25cm。薬用植物。

[6] 海老根 えびね
ラン科の多年草。高さは30～50cm。花は白色。園芸植物。日本絶滅危機植物。

夏海老根 なつえびね

[8] 海松 みる
ミル科の海藻。密に叉状に分岐し扇形。体は30cm。

[10] 海桐花　とべら
トベラ科の常緑低木または小高木。別名トビラギ、トビラノキ。高さは2〜3m。花は白、後に淡黄色。園芸植物。薬用植物。

海索麺　うみぞうめん
ベニモズク科の海藻。蠕虫状。体は20cm。

[14] 海髪　おごのり
オゴノリ科の海藻。別名オゴ、ナゴヤ、ウゴ。密に羽状に分岐。体は20〜30cm。

海髪　いぎす
紅藻類の海藻。

[19] 海蘭　うんらん
ゴマノハグサ科の多年草。高さは15〜40cm。園芸植物。

海蘊　もずく
モズク科の海藻。粘質にとむ。体は30cm。

【207】浅

[7] 浅沙　あさざ
ミツガシワ科（リンドウ科）の多年生の浮葉植物。別名スイレンダマシ、イヌジュンサイ、ハナジュンサイ。葉身は卵型〜円形、裏面は紫色がかり粒状の腺点が顕著。花は黄色。園芸植物。日本絶滅危機植物。

[12] 浅葱　あさつき
ユリ科の多年草。別名イトツキ、イトネギ。高さは30〜60cm。園芸植物。薬用植物。

至仏浅葱　しぶつあさつき
白馬浅葱　しろうまあさつき

【208】洞

[7] 洞忍　ほらしのぶ
ホングウシダ科（ワラビ科、イノモトソウ科）の常緑性シダ。別名トワノシダ。葉身は長さ15〜60cm。長楕円状披針形。園芸植物。

[10] 洞庭藍　とうていらん
ゴマノハグサ科の宿根草。高さは50〜60cm。花は青紫色。園芸植物。日本絶滅危機植物。

【209】泊

[4] 泊夫藍　さふらん
アヤメ科の球根植物。別名サフランクロッカス、バンコウカ。花は淡紫色。園芸植物。薬用植物。

泊夫藍擬　さふらんもどき

【210】浜

[5] 浜払子　はまぼっす
サクラソウ科の越年草。高さは10〜40cm。薬用植物。

[8] 浜狗尾草　はまえのころ
イネ科の草本。

[11] 浜梨　はまなす
バラ科の落葉低木。別名ゲッキカ。花は濃桃色。園芸植物。薬用植物。

¹²浜靭 はまうつぼ

ハマウツボ科の寄生植物。別名オカウツボ。高さは10〜25cm。薬用植物。

¹⁴浜箒 はまぼう

アオイ科の落葉低木または小高木。別名カワラムクゲ、キイロムクゲ。高さは2〜4m。花は黄色。園芸植物。

【211】浮

¹¹浮釣木 うきつりぼく

アオイ科の常緑低木。花は黄色。園芸植物。

【212】深

³深山岩連朶 みやまいわでんだ

オシダ科の夏緑性シダ。別名リシリデンダ。葉身は長さ3〜15cm。披針形〜長楕円状披針形。

深山柞 みやまははそ

アワブキ科の落葉低木。

深山香茅 みやまこうぼう

イネ科の多年草。高さは15〜30cm。

深山捩摺 みやまもじずり

ラン科の多年草。高さは10〜20cm。花は淡紅紫色。園芸植物。高山植物。

深山扉木 みやまとべら

マメ科の常緑小低木。薬用植物。

【213】清

⁵清白草 すずしろそう

アブラナ科の多年草。高さは10〜25cm。

【214】淡

⁶淡竹 はちく

イネ科の常緑大型竹。別名クレタケ、カラタケ。高さは10〜15m。園芸植物。薬用植物。

【215】湿

⁶湿地 しめじ

担子菌類の食用きのこ。

湿気羊歯 しけしだ

オシダ科（イワデンダ科）の夏緑性シダ。別名シケクサ、イドシダ。葉身は長さ20〜50cm。長楕円形から長楕円状披針形。

【216】滑

³滑子 なめこ

モエギタケ科のキノコ。別名ナメスギタケ。中型〜大型。高さは5cm。傘は明褐色、下面にゼラチン質膜、強粘性。ひだは淡黄色。園芸植物。

¹¹滑莧 すべりひゆ

スベリヒユ科の匍匐草本。別名ポ

ルツラカ、ハナスベリヒユ。種々の変異があって食用種もある。高さは10～30cm。園芸植物。熱帯植物。薬用植物。切り花に用いられる。

【217】溝

溝隠 みぞかくし[14]

キキョウ科の多年草。別名アゼムシロ。高さは3～15cm。薬用植物。

溝繁縷 みぞはこべ[16]

ミゾハコベ科の沈水性～湿生の一年草。茎は長さ2～10cm、花弁は淡紅色。

部首4画《火部》

【218】火

火口薊 ほくちあざみ[3]

キク科の草本。

【219】灰

灰汁柴 あくしば[5]

ツツジ科の落葉低木。高山植物。

【220】灯

灯台躑躅 どうだんつつじ[5]

ツツジ科の落葉低木。高さは1～3m。花は白色。園芸植物。切り花に用いられる。

【221】点

点突 てんつき[8]

カヤツリグサ科の一年草（温帯）～少数年生の多年草（暖帯・熱帯）。高さは10～60cm（ナガボ除く）。

【222】無

無花果 いちじく[7]

クワ科の落葉低木。別名トウガキ、ナンバンガキ。高さは3～6m。花は淡紅白色。樹皮は灰色。園芸植物。薬用植物。

無患子 むくろじ[11]

ムクロジ科の落葉高木。別名ムクロ。熱帯では薬用に果を市販する。高さは20m。花は淡黄緑色。園芸植物。熱帯植物。薬用植物。

無患子 もくげんじ

ムクロジ科の落葉高木。別名センダンバノボダイジュ、モクレンジ。高さは10～12m。花は黄色。樹皮は淡褐色。園芸植物。薬用植物。

【223】燕

燕子花 かきつばた[3]

アヤメ科の多年草。別名カオバナ、カオヨグサ。高さは50～70cm。花は紫色。園芸植物。薬用植物。

小燕子花 こかきつばた

部首4画《父部》

【224】父

父子草 ちちこぐさ
キク科の多年草。高さは10〜25cm。薬用植物。

部首4画《牛部》

【225】牛

牛毛海苔 うしけのり
ウシケノリ科の紅藻。

牛尾菜 しおで
ユリ科の多年生つる草。別名ヒデコ、ソデコ。花は淡黄色。園芸植物。薬用植物。

部首4画《犬部》

【226】犬

犬陰嚢 いぬのふぐり
ゴマノハグサ科の越年草。別名ヒョウタングサ、テンニンカラクサ。高さは5〜25cm。

犬雁足 いぬがんそく
オシダ科(イワデンダ科)の夏緑性シダ。別名オオカグマ、オオクサソテツ、イヌクサソテツ。葉身は長さ4〜12cm。単羽状。園芸植物。薬用植物。

犬榧 いぬがや
イヌガヤ科の常緑高木。別名ヘボガヤ、ヘダマ。樹高10m。樹皮は褐色。園芸植物。

【227】狗

狗尾草 えのころぐさ
イネ科の一年草。別名ネコジャラシ、エノコグサ。高さは20〜80cm。

【228】独

独活 うど
ウコギ科の葉菜類。高さは1.5〜2m。花は淡緑色。園芸植物。薬用植物。
独活葛 うどかずら
花独活 はなうど
浜独活 はまうど
細葉花独活 ほそばはなうど
深山独活 みやまうど
深山猪独活 みやまししうど

【229】猪

猪口 いぐち
担子菌類に属するきのこの総称。
花猪口 はないぐち

猪手 いので
オシダ科の常緑性シダ。別名イノデ。葉柄は長さ10〜25cm。葉身は披針形。園芸植物。
唐草猪手 からくさいので

猪苓舞茸

ちょれいまいたけ
サルノコシカケ科のキノコ。中型〜大型。傘は灰色〜褐灰色、中央窪む。薬用植物。

【230】猫

⁵猫目草　ねこのめそう
ユキノシタ科の多年草。別名ミズネコノメソウ。高さは4〜20cm。

【231】猿

¹²猿猴草　えんこうそう
キンポウゲ科の多年草。

¹³猿滑　さるすべり
ミソハギ科の落葉小高木。高さは2〜10m。花は紅、桃、白、紫紅色など。園芸植物。熱帯植物。

部首5画《玉部》

【232】玉

⁴玉心花　ぎょくしんか
アカネ科の常緑低木。

¹³玉蜀黍　とうもろこし
イネ科の野菜。別名ゼア・マイス、トウキビ、ナンバンキビ。種子は食用、茎葉は飼料。高さは4.5m。園芸植物。熱帯植物。薬用植物。切り花に用いられる。

【233】玫

¹⁴玫瑰　まいかい
バラ科の落葉低木。シュラブ・ローズ系。薬用植物。

【234】珠

⁸珠芽刺草　むかごいらくさ
イラクサ科の多年草。高さは40〜70cm。薬用植物。

【235】琴

⁹琴柱角叉　ことじつのまた
スギノリ科の海藻。別名ナガツノマタ、カイソウ。扁圧。体は20cm。

【236】瓔

¹⁰瓔珞百合　ようらくゆり
ユリ科の球根性多年草。別名フリチラリア。高さは60〜100cm。花は黄とれんが赤色。園芸植物。切り花に用いられる。

瓔珞躑躅　ようらくつつじ
ツツジ科の落葉低木。別名ヨウラクドウダン、フウリンツツジ、ツリガネツツジ（釣鐘躑躅）。高さは1〜3m。園芸植物。

部首5画《瓜部》

【237】瓜

瓜 うり
ウリ科の蔓性一年草の総称。
荒地瓜　あれちうり
瓜楓　うりかえで
瓜皮　うりかわ
瓜草　うりくさ
瓜肌楓　うりはだかえで
大雀瓜　おおすずめうり
桂瓜　かつらうり
南瓜　かぼちゃ
烏瓜　からすうり
黄烏瓜　きからすうり
胡瓜　きゅうり
胡瓜草　きゅうりぐさ
金冬瓜　きんとうが
草木瓜　くさぼけ
香篆木瓜　こうてんぼけ
鹿ヶ谷南瓜　ししがたにかぼちゃ
紫蘇葉瓜草　しそばうりくさ
島瓜草　しまうりくさ
白瓜　しろうり
西瓜,水瓜　すいか
雀瓜　すずめうり
西洋南瓜　せいようかぼちゃ
鉄砲瓜　てっぽううり
唐烏瓜　とうからすうり
冬瓜　とうがん
十角糸瓜　とかどへちま
隼人瓜　はやとうり
糸瓜　へちま
木瓜　ぼけ
真桑瓜　まくわうり
深山苦瓜　みやまにがうり

瓜木 うりのき
ウリノキ科の落葉低木。薬用植物。
島瓜木　しまうりのき
紅葉瓜木　もみじうりのき

【238】瓠

瓠 ふくべ
ウリ科の一年草。

部首5画《甘部》

【239】甘

甘百目 あまひゃくめ
カキノキ科のカキの品種。別名比丘尼丸、橙丸、東京柿。果皮は橙黄色。

甘草 かんぞう
マメ科の多年草。高さは60～90cm。花は淡青色。園芸植物。薬用植物。
犬甘草　いぬかんぞう
藤甘草　ふじかんぞう

部首5画《生部》

【240】生

生馬 いけま
ガガイモ科の多年生つる草。別名ヤマコガメ、コサ。薬用植物。

梔子　28ページ

樒　30ページ

沈丁花　34ページ

浅沙　35ページ

石南花　44ページ

姫空木　47ページ

竜胆　47ページ

紫陽花　49ページ

繁縷　51ページ

秋野芥子　55ページ

蒲公英　62ページ

大毛蓼　64ページ

薄荷　66ページ

薺　66ページ

躑躅　72ページ

郁子　73ページ

部首5画《田部》

【241】甲

³甲丸 かぶとまる
サボテン科の多年草。別名星冠。径20cm。花は黄色。園芸植物。

【242】田

⁴田五加木 たうこぎ
キク科の一年草。高さは20～150cm。薬用植物。

⁷田芥 たがらし
キンポウゲ科の多年草。別名タタラビ。高さは25～60cm。薬用植物。

田辛 たがらし
キンポウゲ科の多年草。別名タタラビ。高さは25～60cm。薬用植物。

【243】男

⁶男羊歯 おとこしだ
オシダ科の常緑性シダ。葉身は長さ30～65cm。長楕円状披針形。

⁹男郎花 おとこえし
オミナエシ科の多年草。別名オトコメシ、シロオミナエシ、シロアワバナ。高さは80～100cm。花は白色。園芸植物。薬用植物。切り花に用いられる。

【244】畑

¹²畑韮 はたけにら
ユリ科の多年草。高さは20～60cm。花は白色。園芸植物。

【245】番

⁴番木鼈 まちん
マチン科のやや蔓性の小高木。別名ストリキニーネノキ。枝端に短刺、果実は漿果。熱帯植物。薬用植物。

¹²番椒 とうがらし
ナス科の京野菜。別名ウワムキトウガラシ、ソラムキトウガラシ。種子着点に辛味成分カプサイシンあり。花は白色。熱帯植物。

部首5画《疒部》

【246】疼

⁴疼木 ひいらぎ
モクセイ科の常緑高木～小高木。別名オニサシ、オニノメサシ、メツキシバ。高さは10m。花は白色。園芸植物。

【247】癒

¹⁵癒瘡木 ゆそうぼく
ハマビシ科の高木。葉は黄褐色でツゲの感じ。花は青色。熱帯植物。薬用植物。

部首5画《白部》

【248】白

²白丁花　はくちょうげ
アカネ科の観賞用低木。別名ハクチョウボク、コチョウゲ。高さは60〜100cm。花は帯紫白色。園芸植物。熱帯植物。薬用植物。

⁵白朮　おけら
キク科の多年草。若い葉は綿毛をかぶってやわらかい。高さは30〜100cm。花は帯白色。園芸植物。薬用植物。

白矢地黄　しろやしお
ツツジ科の落葉低木または高木。別名ゴヨウツツジ、マツハダ。高山植物。

⁶白虫除菊　しろむしよけぎく
キク科の草本。別名シロバナムシヨケギク、シロムシヨケギク、ダルマチヤジョチュウギク。高さは60cm。花は白色。園芸植物。薬用植物。

¹¹白梗菜　ぱくちょい
アブラナ科の中国野菜。別名広東白菜、杓子菜。園芸植物。

¹²白雲木　はくうんぼく
エゴノキ科の落葉高木。別名オオバジシャ。高さは8〜15m。樹皮は灰褐色。園芸植物。

¹⁴白熊の木　はぐまのき
ウルシ科の落葉低木。別名カスミノキ、ケムリノキ。高さは4〜5m。花は帯紫色。園芸植物。切り花に用いられる。

白網目草　しろあみめぐさ
キツネノマゴ科。園芸植物。

白銀草　しろかねそう
キンポウゲ科の多年草。別名ツルシロカネソウ。高さは10〜20cm。高山植物。

¹⁵白樺　しらかんば
カバノキ科の落葉高木。別名シラカバ、カバ、カンバ。園芸植物。高山植物。薬用植物。

白膠　ぬるで
ウルシ科の落葉高木。別名フシノキ。薬用植物。

白膠木　ぬるで
ウルシ科の落葉高木。別名フシノキ。薬用植物。

白蝶草　はくちょうそう
アカバナ科の宿根草。別名ヤマモモソウ、シロチョウソウ。園芸植物。

¹⁷白檜曽　しらびそ
マツ科の常緑高木。別名シラベ、コリュウゼン。高さは25m。樹皮は灰色。園芸植物。高山植物。

白部(白) 皮部(皮) 皿部(益) 目部(目,真,眩)

[18] 白藜 しろざ

アカザ科の一年草。別名シロアカザ。高さは1〜1.5m。薬用植物。

【249】百

[4] 百日紅 さるすべり

ミソハギ科の落葉小高木。高さは2〜10m。花は紅、桃、白、紫紅色など。園芸植物。熱帯植物。

[11] 百部 びゃくぶ

ビャクブ科の単子葉植物。別名ツルビャクブ。長さ1〜2m。花は淡緑色。園芸植物。薬用植物。切り花に用いられる。

【250】皂

[10] 皂莢 さいかち

マメ科の落葉高木。別名カワラフジノキ。高さは15m。花は黄緑色。園芸植物。薬用植物。

部首5画《皮部》

【251】皮

[9] 皮茸 こうたけ

イボタケ科のキノコ。別名シシタケ、クマタケ。大型。傘は漏斗形、中央は窪む。表面に顕著な鱗片。

部首5画《皿部》

【252】益

[9] 益荒丸 ますらまる

サボテン科のサボテン。別名マスアラマル。園芸植物。

部首5画《目部》

【253】目

[12] 目弾 めはじき

シソ科の越年草。別名ヤクモソウ。高さは50〜150cm。薬用植物。

[16] 目膨木 みふくらぎ

キョウチクトウ科の常緑高木。別名サーベル、ポンポン。花は白色。園芸植物。熱帯植物。

【254】真

[11] 真葛 さねかずら

マツブサ科の常緑つる植物。別名ビナンカズラ。花は黄白色。園芸植物。薬用植物。

真麻 まお

カラムシの別称。

鬼藪真麻 おにやぶまお

【255】眩

[9] 眩草 くらら

マメ科の多年草。別名マトリグサ、クサエンジュ。高さは60〜

150cm。薬用植物。

【256】着

¹⁴着綿　きせわた
シソ科の多年草。高さは60〜100cm。薬用植物。

部首5画《矢部》

【257】矢

⁶矢羽葛　やはずかずら
キツネノマゴ科の観賞用蔓草。別名タケダカズラ。高さは1〜2.5m。花は橙黄色、中心濃紫色。園芸植物。熱帯植物。

【258】矮

¹⁹矮鶏唐松　ちゃぼからまつ
キンポウゲ科。高山植物。

矮鶏榧　ちゃぼがや
イチイ科の常緑低木。別名ハイガヤ。

部首5画《石部》

【259】石

⁷石見川　いしみかわ
タデ科の一年生つる草。別名サデクサ。果実は暗青色。長さは1〜2m。熱帯植物。薬用植物。

⁹石南花　しゃくなげ
ツツジ科の属総称。別名シャクナン。園芸植物。

遠州石南花　えんしゅうしゃくなげ
黄花石南花　きばなしゃくなげ
筑紫石南花　つくししゃくなげ
姫石南花　ひめしゃくなげ
屋久島石南花　やくしましゃくなげ

¹¹石斛　せっこく
ラン科の多年草。別名セキコク。高さは5〜25cm。花は白色。園芸植物。薬用植物。

乙女石斛　おとめせっこく
黄花石斛　きばなのせっこく
高貴石斛　こうきせっこく
胡蝶石斛　こちょうせっこく
琉球石斛　りゅうきゅうせっこく

¹³石楠　とねりこ
モクセイ科の落葉高木。別名サトトネリコ、タモ。高さは15m。園芸植物。薬用植物。

石楠花　しゃくなげ
ツツジ科の属総称。別名シャクナン。園芸植物。

吾妻石楠花　あずましゃくなげ
根本石楠花　ねもとしゃくなげ
白山石楠花　はくさんしゃくなげ
本石楠花　ほんしゃくなげ

石榴[14] ざくろ

ザクロ科の落葉高木。
崖石榴　いたびかずら
安石榴　ざくろ
石榴草　ざくろそう
浜石榴　はまざくろ

石膠[15] いしみかわ

タデ科の一年生つる草。別名サデクサ。果実は暗青色。長さは1〜2m。熱帯植物。薬用植物。

石橋[16] しゃっきょう

ツツジ科のツツジの品種。園芸植物。

石檀[17] とねりこ

モクセイ科の落葉高木。別名サトトネリコ、タモ。高さは15m。園芸植物。薬用植物。

【260】砥

砥草[9] とくさ

トクサ科の常緑性シダ。茎は高さ数十cmから1m。園芸植物。薬用植物。切り花に用いられる。

【261】磯

磯馴葎[13] そなれむぐら

アカネ科の多年草。高さは5〜20cm。

部首5画《示部》

【262】神

神木[4] さかき

ツバキ科の常緑小高木。別名ミサカキ、ホンサカキ。高さは10m。花は白で後に黄色。園芸植物。

神鹿殿[11] じんろくでん

ガガイモ科。園芸植物。

神樹[16] しんじゅ

ニガキ科の落葉高木。別名ニワウルシ。高さは20m以上。花は黄緑色。樹皮は灰褐色。園芸植物。薬用植物。

【263】祖

祖母岳人参[5] うばたけにんじん

セリ科の多年草。高さは40cm。高山植物。

【264】禊

禊萩[12] みそはぎ

ミソハギ科の宿根草。別名ボンバナ（盆花）、ショウリョウバナ（聖霊花）、ミズカケグサ（水懸草）。高さは1m前後。園芸植物。薬用植物。

部首5画《禾部》

【265】禾

禾 あわ
イネ科の草本。別名オオアワ。高さは1m。花は黄または紫色。園芸植物。薬用植物。切り花に用いられる。

禾 いね
イネ科の草本。高さは60〜180cm。園芸植物。薬用植物。

【266】科

[4]科木 しなのき
シナノキ科の落葉広葉高木。高さは20m。園芸植物。薬用植物。

【267】秋

[22]秋鰻摑 あきのうなぎつかみ
タデ科の一年生つる草。長さは20〜100cm。

【268】秦

[5]秦皮 とねりこ
モクセイ科の落葉高木。別名サトトネリコ、タモ。高さは15m。園芸植物。薬用植物。

【269】稚

[7]稚児車 ちんぐるま
バラ科の草本状小低木。別名イワグルマ。高さは10〜20cm。花は白色。園芸植物。高山植物。

【270】稲

[10]稲荷森草 いなもりそう
アカネ科の多年草。別名ヨツバハコベ。高さは5〜10cm。

【271】穂

[9]穂咲総藻 ほざきのふさも
アリノトウグサ科の常緑の沈水植物。別名キンギョモ。羽状葉は全長1.5〜3cm、雄花の花弁は淡紅色。高さは30〜150cm。園芸植物。

部首5画《穴部》

【272】空

[4]空木 うつぎ
ユキノシタ科の落葉低木。別名ウノハナ、ウツギノハナ。高さは2m。花は白色。園芸植物。薬用植物。

岩衝羽根空木　いわつくばねうつぎ
欝金空木　うこんうつぎ
梅空木　うめうつぎ
裏白空木　うらじろうつぎ
大衝羽根空木　おおつくばねうつぎ
大紅空木　おおべにうつぎ
額空木　がくうつぎ
梕空木　かなうつぎ

立部（立，竜）竹部（笄）

黄花空木　きばなうつぎ
小額空木　こがくうつぎ
小米空木　こごめうつぎ
小衝羽根空木　こつくばねうつぎ
小藤空木　こふじうつぎ
三色空木　さんしきうつぎ
谷空木　たにうつぎ
玉藤空木　たまふじうつぎ
衝羽根空木　つくばねうつぎ
毒空木　どくうつぎ
二色空木　にしきうつぎ
糊空木　のりうつぎ
梅花空木　ばいかうつぎ
箱根空木　はこねうつぎ
姫空木　ひめうつぎ
天鷺絨空木　びろーどうつぎ
藤空木　ふじうつぎ
円葉空木　まるばうつぎ
三葉空木　みつばうつぎ
藪空木　やぶうつぎ

７空豆　そらまめ

マメ科の果菜類。別名トウマメ、ヤマトマメ。高さは1m。花は白か淡紫色。園芸植物。

部首5画《立部》

【273】立

４立犬陰囊　たちいぬのふぐり

ゴマノハグサ科の多年草。高さは10～40cm。花は淡紫色。高山植物。

８立金花　りゅうきんか

キンポウゲ科の多年草。別名エンコウソウ。高さは15～50cm。園芸植物。高山植物。

【274】竜

９竜胆　りんどう

リンドウ科の多年草。別名疫病草（エヤミグサ）、苦胆（クタニ）。高さは20～90cm。薬用植物。切り花に用いられる。

赤石竜胆　あかいしりんどう
朝熊竜胆　あさまりんどう
飯豊竜胆　いいでりんどう
蝦夷竜胆　えぞりんどう
尾上竜胆　おのえりんどう
御山竜胆　おやまりんどう
霧島竜胆　きりしまりんどう
蔓竜胆　つるりんどう
当薬竜胆　とうやくりんどう
筆竜胆　ふでりんどう
深山竜胆　みやまりんどう
武者竜胆　むしゃりんどう

部首6画《竹部》

【275】笄

５笄石菖　こうがいぜきしょう

イグサ科の多年草。別名ヒラコウガイゼキショウ。高さは20～40cm。

【276】筬

[6] 筬羊歯　おさしだ
シシガシラ科の常緑性シダ。葉身は長さ2～10cm。園芸植物。

[12] 筬葉草　おさばぐさ
ケシ科の多年草。高さは5～15cm。高山植物。

[19] 筬蘭　おさらん
ラン科の多年草。別名バッコクラン。高さは2cm。花は白色。園芸植物。

【277】箒

[13] 箒蜀黍　ほうきもろこし
イネ科。

【278】篠

[6] 篠竹　すずたけ
イネ科の常緑中型笹。別名ジダケ、スズ。園芸植物。

【279】簀

[13] 簀蓋　すぶた
トチカガミ科の一年生の沈水植物。別名ナガバスブタ、コスブタ。葉は線形、花弁は3枚、細長く白色。日本絶滅危機植物。

【280】篳

[15] 篳澄茄　ひっちょうか
コショウ科の蔓木。雌雄異株、果実は有梗でスパイスに用いる。熱帯植物。薬用植物。

【281】籐

籐　とう
ヤシ科。別名ヒメトウ、ショトウ。高さは8m。園芸植物。

籐　とう
つる性植物、園芸植物。つる性ヤシ類総称。別名籐葦（トウヨシ）。

部首6画《米部》

【282】粱

粱　あわ
イネ科の草本。別名オオアワ。高さは1m。花は黄または紫色。園芸植物。薬用植物。切り花に用いられる。

部首6画《糸部》

【283】糸

[6] 糸瓜　へちま
ウリ科の野菜。別名イトウリ。花は黄色。園芸植物。熱帯植物。薬用植物。

十角糸瓜　とかどへちま

【284】紅

紅更紗灯台　べにさらさどうだん
[7]
ツツジ科の落葉低木。高さは1m。花は白または桃色。園芸植物。高山植物。

紅茉莉　べにまつり
[8]
アカネ科の観賞用低木。高さは2m。花は中央黄色。園芸植物。熱帯植物。

紅菜苔　こうさいたい
[11]
アブラナ科の中国野菜。別名紅菜花。園芸植物。

紅黄草　くじゃくそう
キク科の草本。別名コウオウソウ（紅黄草）、マンジュギク（万寿菊）。高さは50cm。花は黄、オレンジ色。園芸植物。切り花に用いられる。

紅葉苺　もみじいちご
[12]
バラ科の落葉低木。別名カジイチゴ、トウイチゴ、エドイチゴ。薬用植物。

【285】細

細葉楠　ほそばたぶ
[12]
クスノキ科の常緑高木。別名アオガシ。葉長8〜20cm。園芸植物。

【286】紫

紫丁花　しちょうげ
[2]
アカネ科の落葉小低木。別名ムラサキチョウジ、イワハギ。高さは1m。花は紫色。園芸植物。

紫狗児　むらさきえのころ
[8]
イネ科。

紫苑　しおん
キク科の多年草。別名オニノシグサ。高さは100〜200cm。花は青紫色。園芸植物。日本絶滅危機植物。薬用植物。
　春紫苑　はるじおん
　姫紫苑　ひめしおん

紫背菫　しはいすみれ
[9]
スミレ科の多年草。葉は狭卵形または広披針形。高さは4〜10cm。園芸植物。

紫陽花　あじさい
[12]
ユキノシタ科の落葉低木。観賞用植物。高さは2〜3m。花は白色。園芸植物。熱帯植物。薬用植物。切り花に用いられる。
　蝦夷紫陽花　えぞあじさい
　額紫陽花　がくあじさい
　清澄沢紫陽花　きよすみさわあじさい
　草紫陽花　くさあじさい
　小紫陽花　こあじさい
　球紫陽花　たまあじさい
　蔓紫陽花　つるあじさい
　手毬球紫陽花　てまりたまあじさい
　斑入紫陽花　ふいりあじさい
　八重咲化紫陽花　やえざきたいかあじさい
　矢筈紫陽花　やはずあじさい
　山紫陽花　やまあじさい

紫雲英 げんげ

マメ科の多年草。別名レンゲ、ホウゾバナ。高さは10～25cm。花は紫紅色。園芸植物。薬用植物。

樺太紫雲英　からふとげんげ
増毛紫雲英　ましけげんげ
利尻紫雲英　りしりげんげ

[13]紫園 しおん

キク科の多年草。別名オニノシュグサ。高さは100～200cm。花は青紫色。園芸植物。日本絶滅危機植物。薬用植物。

[16]紫薇 しび

ミソハギ科の落葉小高木。サルスベリの漢名。高さは2～10m。花は紅、桃、白、紫紅色など。園芸植物。熱帯植物。

[19]紫羅欄花 あらせいとう

アブラナ科の一年草または多年草。別名ストック。高さは75cm。花は紫、赤から白色。園芸植物。切り花に用いられる。

[24]紫鷺苔 さぎごけ

ゴマノハグサ科の多年草。別名サギシバ。高さは7～15cm。花は白色。園芸植物。

[27]紫鐶 むらさきかがり

サクラソウ科のサクラソウの品種。園芸植物。

【287】続

[12]続随子草 ほるとそう

トウダイグサ科の多肉植物。高さは50～70cm。園芸植物。薬用植物。

【288】綱

[11]綱麻 つなそ

シナノキ科の草本。茎は緑。高さは1～2.5m。園芸植物。熱帯植物。

【289】総

[8]総茅 ふさがや

イネ科の草本。

[10]総桜 ふさざくら

フサザクラ科の落葉高木。別名タニグワ、サワグワ、コウヤマンサク。花は暗赤色。園芸植物。薬用植物。

【290】緋

[6]緋衣草 さるびあ

シソ科の落葉小低木。別名ヒゴロモソウ、ヒゴロモサルビア、オオバナベニサルビア。高さは1m。花は鮮紅色。園芸植物。切り花に用いられる。

【291】緑

[7]緑豆 りょくとう

マメ科。別名ブンドウ、ヤエナリ。園芸植物。

【292】繁

¹⁷繁縷　はこべ
ナデシコ科の一年草または越年草。別名コハコベ、ハコベラ、アサシラゲ。茎は地面をはう。高さは10～20cm。園芸植物。薬用植物。

牛繁縷　うしはこべ
加藤繁縷　かとうはこべ
寒地谷地繁縷　かんちやちはこべ
色丹繁縷　しこたんはこべ
南蛮繁縷　なんばんはこべ
沼繁縷　ぬまはこべ
浜繁縷　はまはこべ
水繁縷　みずはこべ
溝繁縷　みぞはこべ
深山繁縷　みやまはこべ

【293】縮

⁹縮砂　しゅくしゃ
ショウガ科の観賞用草本。別名ジンジャー。高さ1m。花は紅色。園芸植物。熱帯植物。

部首6画《缶部》

【294】罌

¹²罌粟　けし
ケシ科の一年草。高さは100～170cm。花は純白から深紅または紫など。園芸植物。薬用植物。

鬼罌粟　おにげし
利尻雛罌粟　りしりひなげし

部首6画《羊部》

【295】羊

¹²羊歯　しだ
イノモトソウ科の多年生シダ。シダ植物の総称。

碧鉄羊歯　あおがねしだ
青茶筌羊歯　あおちゃせんしだ
鼬羊歯　いたちしだ
銀杏羊歯　いちょうしだ
岩柳羊歯　いわやなぎしだ
兎羊歯　うさぎしだ
薄葉羊歯　うすばしだ
裏星鋸羊歯　うらぼしのこぎりしだ
蝦夷雌羊歯　えぞめしだ
箙羊歯　えびらしだ
黄連羊歯　おうれんしだ
大雌羊歯　おおめしだ
大矢車羊歯　おおやぐるましだ
筬羊歯　おさしだ
雄羊歯　おしだ
男羊歯　おとこしだ
飾羊歯　かざりしだ
雉尾羊歯　きじのおしだ
木登羊歯　きのぼりしだ
清滝羊歯　きよたきしだ
車羊歯　くるましだ
黒鉄羊歯　くろがねしだ
蚰蜒羊歯　げじげじしだ
毛穂羊歯　けほしだ
蝙蝠羊歯　こうもりしだ
西国紅羊歯　さいごくべにしだ

西国本宮羊歯　さいごくほんぐうしだ
里雌羊歯　さとめしだ
湿気羊歯　しけしだ
湿気地羊歯　しけちしだ
島百足羊歯　しまむかでしだ
十文字羊歯　じゅうもんじしだ
石化玉羊歯　せっかたましだ
銭苔羊歯　ぜにごけしだ
高嶺里雌羊歯　たかねさとめしだ
茶筌羊歯　ちゃせんしだ
縮緬羊歯　ちりめんしだ
鉄穂羊歯　てつほしだ
東谷羊歯　とうごくしだ
常磐羊歯　ときわしだ
七化羊歯　ななばけしだ
男体羊歯　なんたいしだ
匂羊歯　においしだ
鋸羊歯　のこぎりしだ
這子持羊歯　はいこもちしだ
八丈羊歯擬　はちじょうしだもどき
半山羊歯　はやましだ
檗角羊歯　びかくしだ
姫雺余子羊歯　ひめむかごしだ
房羊歯　ふさしだ
麓羊歯　ふもとしだ
辺塚羊歯　へつかしだ
篦羊歯　へらしだ
鳳尾羊歯　ほうびしだ
蓬莱羊歯　ほうらいしだ
鉾羊歯　ほこしだ
細葉湿気羊歯　ほそばしけしだ
布袋羊歯　ほていしだ

溝羊歯　みぞしだ
三手篦羊歯　みつでへらしだ
耳持羊歯　みみもちしだ
深山羊歯　みやましだ
深山雌羊歯　みやまめしだ
尨毛湿気羊歯　むくげしけしだ
八重山本宮羊歯　やえやまほんぐうしだ
山鼬羊歯　やまいたちしだ
柔羊歯　やわらしだ
湯之峰羊歯　ゆのみねしだ
両面羊歯　りょうめんしだ

羊蹄[16]　ぎしぎし

タデ科の多年草。別名ウマスイバ。高さは40〜100cm。薬用植物。

荒地羊蹄　あれちぎしぎし
蝦夷羊蹄　えぞのぎしぎし
長葉羊蹄　ながばぎしぎし

【296】美

美香[9]　はなかみ

バラ科のウメ(梅)の品種。別名花香味。果皮は緑黄で、陽向面は橙紅色。

【297】群

群雀[11]　むれすずめ

マメ科の落葉低木。高さは1〜2m。花は黄色。園芸植物。

部首6画《羽部》

【298】羽

羽後薊　うごあざみ [9]

キク科の草本。高山植物。

【299】翌

翌檜　あすなろ [17]

ヒノキ科の常緑高木。別名アスヒ、シラビ、ヒバ。高さは30m。樹皮は紫褐色。園芸植物。薬用植物。

【300】翹

翹揺　げんげ [12]

マメ科の多年草。別名レンゲ、ホウゾバナ。高さは10〜25cm。花は紫紅色。園芸植物。薬用植物。

部首6画《耳部》

【301】耽

耽羅鳥兜　たんなとりかぶと [19]

キンポウゲ科の多年草。高さは15〜150cm。

部首6画《肉部》

【302】肉

肉豆蔲　にくずく [7]

ニクズク科の小木。別名シシズク。果実は淡黄色芳香、種子褐色。熱帯植物。

【303】胡

胡瓜　きゅうり [6]

ウリ科の果菜類。果実は長さ20〜50cm。園芸植物。熱帯植物。薬用植物。

胡桃　くるみ [10]

クルミ科クルミ属の落葉高木の総称。
鬼胡桃　おにぐるみ
黒胡桃　くろくるみ
沢胡桃　さわぐるみ
手打胡桃　てうちぐるみ
野胡桃　のぐるみ

胡蝶花　しゃが [15]

アヤメ科の多年草。別名コチョウカ。高さは30〜70cm。花は白色。園芸植物。

胡盧巴　ころは [16]

マメ科の薬用植物。

胡頽子　ぐみ

グミ科の落葉または常緑低木の総称。
蔓胡頽子　つるぐみ
松胡頽子　まつぐみ

舟部(舟) 色部(色,艶) 艸部(艾,芍,芒,花)

部首6画《舟部》

【304】舟

舟腹草[13] ふなばらそう

ガガイモ科の多年草。別名ロクオンソウ。高さは40〜80cm。薬用植物。

部首6画《色部》

【305】色

色丹草[4] しこたんそう

ユキノシタ科の多年草。別名レブンクモマグサ。高さは3〜12cm。高山植物。

【306】艶

艶無猪の手[12] つやなしいので

オシダ科の夏緑性シダ。葉柄は長さ5〜8mm。

部首6画《艸部》

【307】艾

艾 よもぎ

キク科の多年草。別名モチグサ、フツ、モグサ。高さは50〜100cm。園芸植物。熱帯植物。薬用植物。

大蘩艾 おおひきよもぎ
大艾 おおよもぎ
男艾 おとこよもぎ
河原艾 かわらよもぎ
白艾 しろよもぎ
浜艾 はまよもぎ
引艾 ひきよもぎ
姫昔艾 ひめむかしよもぎ
姫艾 ひめよもぎ
柳艾 やなぎよもぎ
山艾 やまよもぎ

【308】芍

芍薬[16] しゃくやく

ボタン科(キンポウゲ科)の多年草。高さは50〜90cm。花は白〜赤色。園芸植物。薬用植物。切り花に用いられる。

山芍薬 やましゃくやく

【309】芒

芒 すすき

イネ科の多年草。別名カヤ、オバナ。叢生して円形の大株となって育つ。高さは70〜220cm。園芸植物。

髭長米芒 ひげながこめすすき

芒蘭[19] のぎらん

ユリ科の多年草。別名キツネノオ。高さは15〜55cm。高山植物。薬用植物。

粘り芒蘭 ねばりのぎらん

【310】花

花忍[7] はなしのぶ

ハナシノブ科の多年草。高さは70〜100cm。花は青紫色。園芸植物。日本絶滅危機植物。

岬部(芥, 芹, 英, 茄)

⁹花柏　さわら
ヒノキ科の常緑高木。別名サワラギ。高さは30〜40m。花は紫褐色。樹皮は赤褐色。園芸植物。高山植物。

花柚　はなゆ
ミカン科。別名トコユ、ハナユズ。果面は黄色。高さは1.5m。園芸植物。

¹²花傘木　はながさのき
アカネ科の常緑つる植物。集果は黄色に熟し、葉裏葉脈は赤。花は白色。熱帯植物。薬用植物。

¹⁴花魁薊　おいらんあざみ
キク科の草本。高山植物。

²³花鑢　はなやすり
ハナヤスリ科の夏緑性シダ。葉身は長さ1〜6cm。長楕円形から広卵形。
浜花鑢　はまはなやすり
広葉花鑢　ひろははなやすり

【311】芥

³芥子　けし
ケシ科の一年草。高さは100〜170cm。花は純白から深紅または紫など。園芸植物。薬用植物。
秋野芥子　あきののげし
薊芥子　あざみげし
犬芥子　いぬがらし
奥山芥子　おくやまがらし
鬼野芥子　おにのげし
和蘭芥子　おらんだがらし
垣根芥子　かきねがらし
芥子菜　からしな
角芥子　つのげし
唐芥子　とうがらし
野芥子　のげし
雛芥子　ひなげし
山芥子　やまがらし

¹⁷芥藍　かいらん
アブラナ科の中国野菜。別名チャイニーズケール、カランチョウ。園芸植物。

【312】芹

¹¹芹菜　きんさい
セリ科の中国野菜。別名スープセロリ、中国セロリ。

¹²芹葉黄連　せりばおうれん
キンポウゲ科。高山植物。

【313】英

⁹英彦山姫沙羅　ひこさんひめしゃら
ツバキ科の落葉高木。園芸植物。

¹⁰英桃　ゆすらうめ
バラ科の落葉低木。果皮は紅色。高さは2〜3m。花は白あるいは淡紅色。園芸植物。薬用植物。

【314】茄

³茄子　なす
ナス科の果菜類。刺の多少、果色

（紫、黄、緑、白）果形等種々。花は淡紫または白色。園芸植物。熱帯植物。薬用植物。
賀茂茄子　かもなす
金銀茄子　きんぎんなすび
小茄子　こなすび
角茄子　つのなす
悪茄子　わるなすび

【315】茅

茅　かや
屋根を葺くのに用いる草本の総称。
畦茅　あぜがや
油茅　あぶらがや
大鼠茅　おおねずみがや
雄刈茅　おがるかや
鴨茅　かもがや
狐茅　きつねがや
毛真珠茅　けしんじゅがや
香茅　こうぼう
小雀茅　こすずめがや
西塔茅　さいとうがや
瀬戸茅　せとがや
高嶺香茅　たかねこうぼう
薙刀茅　なぎなたがや
沼茅　ぬまがや
鼠茅　ねずみがや
羽茅　はねがや
春茅　はるがや
総茅　ふさがや
払子茅　ほっすがや
深山香茅　みやまこうぼう
深山春茅　みやまはるがや
雌刈茅　めがるかや

茅萱　ちがや
イネ科の多年草。別名チ、ツバナ、フシゲチガヤ。白毛の著しい穂を出す。高さは30〜80cm。園芸植物。熱帯植物。薬用植物。

茅覃　こうたけ
イボタケ科のキノコ。別名シシタケ、クマタケ。大型。傘は漏斗形、中央は窪む。表面に顕著な鱗片。

【316】苦

苦木　にがき
ニガキ科の落葉高木。薬用植物。
辺塚苦木　へつかにがき

苦何首烏　にがかしゅう
ヤマノイモ科の多年生つる草。別名マルバドコロ。薬用植物。

苦参　くらら
マメ科の多年草。別名マトリグサ、クサエンジュ。高さは60〜150cm。薬用植物。

苦草　にがくさ
シソ科のハーブ。別名ウォールジャーマンダー、コモンジャーマンダー。高さは30〜70cm。薬用植物。

苦菜　にがな
キク科の多年草。別名チチグサ、オトコジシバリ。高さは30cm。薬用植物。
蝦夷高嶺苦菜　えぞたかねにがな
大苦菜　おおにがな
河原苦菜　かわらにがな
雲間苦菜　くもまにがな

艸部（若,苧,茉,荒,草）

高峰苦菜　たかねにがな
花苦菜　はなにがな
浜苦菜　はまにがな
紅苦菜　べににがな
深山岩苦菜　みやまいわにがな

【317】若

若布　わかめ
コンブ科（チガイソ科、アイヌワカメ科）の海藻。別名メノハ。茎は扁円。薬用植物。

若榴　ざくろ
ザクロ科の落葉高木。別名ジャクロ、ジャクリュウ。果皮は黄、陽向面は紅色。花は赤色。園芸植物。熱帯植物。薬用植物。

【318】苧

苧　からむし
イラクサ科の多年草。別名マオ、コロモグサ。高さは50～100cm。薬用植物。

苧麻　からむし
イラクサ科の多年草。別名マオ、コロモグサ。高さは50～100cm。薬用植物。

苧麻　まお
カラムシの別称。

蔓苧麻　つるまお

苧環　おだまき
キンポウゲ科の多年草。別名アクイレギア、イトクリソウ（糸繰草）、ツルシガネ（吊るし鐘）。高さは30～50cm。花は紫、白色。園芸植物。

西洋苧環　せいようおだまき
深山苧環　みやまおだまき
山苧環　やまおだまき

【319】茉

茉莉花　まつりか
モクセイ科の低木。別名アラビアン・ジャスミン、モウリンカ、サンパギタ。花は白、黄色。園芸植物。熱帯植物。薬用植物。

【320】荒

荒世伊登宇　あらせいとう
アブラナ科の一年草または多年草。別名ストック。高さは75cm。花は紫、赤から白色。園芸植物。切り花に用いられる。

荒布　あらめ
コンブ科（チガイソ科）の海藻。別名カジメ。茎は円柱状。体は長さ1.5m。

【321】草

草山丹花　くささんだんか
アカネ科の観賞用草本。高さは30～130cm。花は赤、桃、白など。園芸植物。熱帯植物。切り花に用いられる。

草山火口　はばやまぼくち
キク科の多年草。高さは1～2m。

草山段花 くささんだんか

アカネ科の観賞用草本。高さは30～130cm。花は赤、桃、白など。園芸植物。熱帯植物。切り花に用いられる。

[5]草石蚕 ちょろぎ

シソ科の根菜類。別名チョロウギ、チョロキチ、ショウロキ。高さは100～120cm。花は淡紅紫色。園芸植物。薬用植物。

[10]草連玉 くされだま

サクラソウ科の多年草。別名イオウソウ。高さは80～90cm。花は黄に橙の斑点。園芸植物。高山植物。

【322】茴

[9]茴香 ういきょう

セリ科の香辛野菜。別名クレノオモ。高さは1～2m。花は黄色。園芸植物。熱帯植物。薬用植物。切り花に用いられる。

大茴香　だいういきょう
姫茴香　ひめういきょう
深山茴香　みやまういきょう

【323】茱

[12]茱萸 ぐみ

グミ科の落葉または常緑低木の総称。

秋茱萸　あきぐみ
高野茱萸　こうやぐみ
呉茱萸　ごしゅゆ
山茱萸　さんしゅゆ
唐茱萸　とうぐみ
夏茱萸　なつぐみ
苗代茱萸　なわしろぐみ
箱根茱萸　はこねぐみ
本呉茱萸　ほんごうそう
松茱萸　まつぐみ
豆茱萸　まめぐみ
丸葉茱萸　まるばぐみ

【324】茯

[8]茯苓 ぶくりょう

サルノコシカケ科のキノコ。別名マツホド。中型～大型。地中生（マツの根）、菌核は類球形。薬用植物。

茯苓菜 ぶくりゅうさい

キク科の一年草。高さは20～40cm。

【325】茘

[8]茘枝 れいし

ムクロジ科の常緑小高木。別名ライチー。可食部は白い半透明の仮種皮。高さは7～10m。花は淡黄色。園芸植物。熱帯植物。薬用植物。

【326】荊

[7]荊芥 けいがい

シソ科の草本。別名アリタソウ。薬用植物。園芸植物。薬用植物。

艸部（華, 莪, 莢, 莎, 葛, 菖）

【327】華

²¹華鬘草　けまんそう
ケシ科の多年草。別名タイツリソウ、フジボタン。高さは40〜60cm。花は紅色。園芸植物。薬用植物。切り花に用いられる。

【328】莪

⁵莪朮　がじゅつ
ショウガ科の多年草。別名シロウコン。若葉は表裏共中肋赤。高さ1m。花は淡黄色。園芸植物。熱帯植物。薬用植物。

【329】莢

¹⁴莢蒾　がまずみ
スイカズラ科の低木ないし小高木。別名ヨツズミ、ヨソゾメ、ヨウゾメ。高さは2〜3m。花は白色。園芸植物。薬用植物。

¹⁷莢糠草　さやぬかぐさ
イネ科の多年草。高さは40〜70cm。

【330】莎

⁹莎草蚊帳吊　くぐがやつり
カヤツリグサ科の一年草。高さは10〜40cm。

【331】葛

葛　かずら
蔓草の総称。

青葛　あおかずら
明日檜葛　あすひかずら
筏葛　いかだかずら
靫葛　うつぼかずら
独活葛　うどかずら
鉤葛　かぎかずら
草杉葛　くさすぎかずら
熊葛　くまつづら
黒滝葛　くろたきかずら
蝙蝠葛　こうもりかずら
栄樹葛　さかきかずら
実葛, 真葛　さねかずら
青紫葛　せいしかずら
蕎麦葛　そばかずら
千歳葛　ちとせかずら
定家葛　ていかかずら
根無葛　ねなしかずら
花葛　はなかずら
浜根無葛　はまねなしかずら
姫有明葛　ひめありあけかずら
風藤葛　ふうとうかずら
矢羽葛　やはずかずら

葛　くず
マメ科の木本性つる草。別名マクズ、クズカズラ。長さは10m前後。園芸植物。薬用植物。

葛欝金　くずうこん

¹⁸葛藤　つづらふじ
ツヅラフジ科のつる性木本。別名ツヅラ、アオカヅラ。

【332】菖

¹³菖蒲　あやめ
アヤメ科の多年草。別名ハナアヤ

メ。高さは30〜50cm。花は紫色。園芸植物。薬用植物。切り花に用いられる。
愛媛菖蒲 えひめあやめ
狸菖蒲 たぬきあやめ
捩菖蒲 ねじあやめ
檜扇菖蒲 ひおうぎあやめ

菖蒲 しょうぶ

サトイモ科の抽水植物。別名アヤメ、アヤメグサ、ノキアヤメ。葉は長さ50〜120cm、鋭頭で中央脈は隆起、葉は黄色を帯びた明るい緑色。高さは50〜90cm。花は淡黄緑色。園芸植物。薬用植物。
岩菖蒲 いわしょうぶ
黄菖蒲 きしょうぶ
野花菖蒲 のはなしょうぶ
花菖蒲 はなしょうぶ

【333】著

[10]著莪 しゃが

アヤメ科の多年草。別名コチョウカ。高さは30〜70cm。花は白色。園芸植物。

【334】菠

[16]菠薐草 ほうれんそう

アカザ科の葉菜類。別名スピナキア・オレラケア。園芸植物。薬用植物。

【335】菲

[7]菲沃斯 ひよす

ナス科の多年草または一年草。園芸植物。薬用植物。

【336】莧

莧 ひゆ

ヒユ科の中国野菜。別名バイアム、ジャワホウレンソウ。園芸植物。熱帯植物。薬用植物。
青莧 あおびゆ
犬莧 いぬびゆ
滑莧 すべりひゆ
立滑莧 たちすべりひゆ

【337】葦

葦 あし,よし

イネ科の抽水性〜湿生植物。別名アシ、キタヨシ、ハマオギ。葉身は線形で長さ20〜50cm、円錐花序は大形。高さは100〜300cm。園芸植物。熱帯植物。薬用植物。
間葦,藍葦 あいあし
葦付 あしつき
糸葦 いとあし
草葦 くさよし
猿恋葦 さるこいあし
三稜葦 さんりょうあし
蚯蚓葦 みみずあし

【338】萱

萱 かや

屋根を葺くのに用いる草本の総称。
雄刈萱 おがるかや
茅萱 ちがや
朝鮮黄萱 ちょうせんきすげ
雌刈萱 めがるかや

[9]萱草 かんぞう

ユリ科の多年草。

艸部（萱,落,葎,葭,葫,葭,萵）

飛島萱草　とびしまかんぞう
野萱草　のかんぞう
浜萱草　はまかんぞう
姫萱草　ひめかんぞう
本萱草　ほんかんぞう
藪萱草　やぶかんぞう

萱藻海苔　かやものり[19]
カヤモノリ科の海藻。体は60cm。

【339】葉

葉隠　はがくし[14]
カキノキ科のカキの品種。別名豊国、青高瀬、元旦。果皮は濃黄橙色。

葉蘭　はらん[19]
ユリ科の常緑多年草。別名バラン、バレン。葉は長楕円状。園芸植物。薬用植物。切り花に用いられる。

【340】落

落葉松　からまつ[12]
マツ科の落葉高木。別名シンシュウカラマツ、ニホンカラマツ。高さは30m。樹皮は帯赤褐色。園芸植物。高山植物。

【341】葎

葎　むぐら
荒地等に繁る雑草の総称。
奥車葎　おくくるまむぐら
金葎　かなむぐら
磯馴葎　そなれむぐら
二葉葎　ふたばむぐら
細葉四葉葎　ほそばのよつばむぐら
八重葎　やえむぐら
四葉葎　よつばむぐら

【342】葭

葭　あし,よし
イネ科の抽水性～湿生植物。別名アシ、キタヨシ、ハマオギ。葉身は線形で長さ20～50cm、円錐花序は大形。高さは100～300cm。園芸植物。熱帯植物。薬用植物。
西湖葭　せいこのよし
蔓葭　つるよし

【343】葫

葫　にんにく
ユリ科のハーブ。別名ヒル（蒜）、オオビル（葫）。高さは0.5～1m。園芸植物。薬用植物。

【344】葭

葭竹　だんちく[6]
イネ科の多年草。別名ヨシタケ、トウヨシ。高さは200～400cm。園芸植物。薬用植物。

【345】萵

萵苣　れたす[8]
キク科の葉菜類。別名サラダナ、チサ。葉をサラダとして生食。花は黄色。園芸植物。熱帯植物。薬用植物。

萵苣木　ちしゃのき
ムラサキ科の落葉高木。別名カキノキダマシ。

難読/誤読 植物名漢字よみかた辞典　61

【346】蒲

蒲公英 たんぽぽ
キク科タンポポ属の多年草の総称。
- 関西蒲公英　かんさいたんぽぽ
- 関東蒲公英　かんとうたんぽぽ
- 雲間蒲公英　くもまたんぽぽ
- 白馬蒲公英　しろうまたんぽぽ
- 白花蒲公英　しろばなたんぽぽ
- 西洋蒲公英　せいようたんぽぽ
- 高嶺蒲公英　たかねたんぽぽ
- 蕗蒲公英　ふきたんぽぽ
- 二股蒲公英　ふたまたたんぽぽ
- 深山蒲公英　みやまたんぽぽ
- 八ガ岳蒲公英　やつがたけたんぽぽ
- 柳蒲公英　やなぎたんぽぽ

蒲葵 びろう
ヤシ科の常緑高木。別名ワビロウ。

【347】蓬

蓬 よもぎ
キク科の多年草。別名モチグサ、フツ、モグサ。高さは50〜100cm。園芸植物。熱帯植物。薬用植物。
- 犬蓬　いぬよもぎ
- 蝦夷母子蓬　えぞははこよもぎ
- 蝦夷昔蓬　えぞむかしよもぎ
- 大蓬　おおよもぎ
- 男蓬　おとこよもぎ
- 河原蓬　かわらよもぎ
- 北岳蓬　きただけよもぎ
- 様似蓬　さまによもぎ
- 色丹蓬　しこたんよもぎ
- 白様似蓬　しろさまによもぎ
- 白蓬　しろよもぎ
- 高嶺蓬　たかねよもぎ
- 千島蓬　ちしまよもぎ
- 苦蓬　にがよもぎ
- 母子蓬　ははこよもぎ
- 蟇蓬　ひきよもぎ
- 一葉蓬　ひとつばよもぎ
- 姫蓬　ひめよもぎ
- 壬生蓬　みぶよもぎ
- 深山男蓬　みやまおとこよもぎ
- 蓬菊　よもぎぎく

蓬萊柿 ほうらいし
クワ科のイチジク（無花果）の品種。別名唐柿、南蕃柿。果皮は赤紫色。

【348】蒟

蒟蒻 こんにゃく
サトイモ科の薬用植物。球茎は扁球状で皮色は淡褐ないし濃褐色。園芸植物。

【349】葈

葈木 おなもみ
キク科の一年草。果実は利尿薬、全草心臓毒。高さは20〜100cm。熱帯植物。薬用植物。

【350】蔦

蔦　つた
ブドウ科の落葉つる植物。別名アマヅラ、ナツヅタ。葉は紅色に色づく。園芸植物。

木蔦　きづた
西洋木蔦　せいようきづた
蔦漆　つたうるし
豆蔦　まめづた
豆蔦蘭　まめづたらん

【351】蔓

蔓　かずら
蔓草の総称。

甘蔓　あまづる
甘茶蔓　あまちゃづる
有明蔓　ありあけかずら
蝦夷蔓金梅　えぞつるきんばい
蝦夷の紐蔓　えぞのひもかずら
海老蔓　えびづる
扇蔓　おうぎかずら
大蔓梅擬　おおつるうめもどき
大藪蔓小豆　おおやぶつるあずき
川蔓藻　かわつるも
小鷗蔓　こかもめづる
合器蔓　ごきづる
小葉鷗蔓　こばのかもめづる
三角蔓　さんかくづる
椎木蔓　しいのきかずら
白玉蔓　しらたまかずら
杉蔓　すぎかずら
砂蔓　すなづる
高嶺杉蔓　たかねすぎかずら
蔓紫陽花　つるあじさい
蔓小豆　つるあずき
蔓阿檀　つるあだん
蔓蟻通　つるありどおし
蔓梅擬　つるうめもどき
蔓夏枯草　つるかこそう
蔓鹿子草　つるかのこそう
蔓亀葉草　つるかめばそう
蔓金梅　つるきんばい
蔓柑子　つるこうじ
蔓楮　つるこうぞ
蔓苔桃　つるこけもも
蔓樒　つるしきみ
蔓黄楊　つるつげ
蔓蕺菜　つるどくだみ
蔓菜　つるな
蔓無隠元豆　つるなしいんげんまめ
蔓苦草　つるにがくさ
蔓日日草　つるにちちそう
蔓人参　つるにんじん
蔓猫眼草　つるねこのめそう
蔓藤袴　つるふじばかま
蔓穂　つるぼ
蔓洞苔　つるほらごけ
蔓柾　つるまさき
蔓豆　つるまめ
蔓万年草　つるまんねんぐさ
蔓万両　つるまんりょう
蔓紫　つるむらさき
蔓蓂　つるよし
蔓竜胆　つるりんどう
藤蔓擬　とうつるもどき
飛蔓　とびかずら
袴蔓　はかまかずら
花蔓草　はなずるそう
針蔓柾木　はりつるまさき

半鐘蔓　はんしょうづる
日陰蔓　ひかげのかずら
姫蔓小豆　ひめつるあずき
姫蔓阿檀　ひめつるあだん
姫蔓苔桃　ひめつるこけもも
姫花蔓柱　ひめばなつるばしら
紐蔓　ひもかずら
屁糞蔓　へくそかずら
牡丹蔓　ぼたんづる
深山半鐘蔓　みやまはんしょうづる
深山日陰の蔓　みやまひかげのかずら
紫木綿蔓　むらさきもめんづる
木綿蔓　もめんづる
藪蔓小豆　やぶつるあずき
山原蔓薄荷　やんばるつるはっか
羅生門蔓　らしょうもんかずら

[8] 蔓苧麻　つるまお

イラクサ科の多年草。高さは30〜50cm。

[9] 蔓荊　はまごう

クマツヅラ科の落葉ほふく性低木。別名ハマホウ、ハウ、ハマボウ。薬用植物。

蔓荔枝　つるれいし

ウリ科の野菜。別名ニガウリ、ニガゴイ、ニガグイ。果菜。花は黄色。園芸植物。熱帯植物。薬用植物。

[13] 蔓雉之尾

つるきじのお

オシダ科（ツルキジノオ科）の常緑性シダ。別名オオキノボリシダ。葉身は長さ15〜18cm。線状披針形。

蔓雉蓆
つるきじむしろ

バラ科の草本。

【352】蓴

[11] 蓴菜　じゅんさい

スイレン科の多年生の浮葉植物。別名コハムソウ、サセンソウ。葉身は楕円形、裏面は赤紫色。葉径5〜10cm。暗赤色の花被片をもつ。園芸植物。薬用植物。

【353】蓼

蓼　たで

「タデ」の名をもつ植物の総称。蓼科の植物。特有の辛みをもつ。

麻布蓼　あざぶたで
裏白蓼　うらじろたで
大毛蓼　おおけたで
御蓼　おんたで
桜蓼　さくらたで
早苗蓼　さなえたで
仙蓼　せんりょう
谷蓼　たにたで
丁字蓼, 丁子蓼　ちょうじたで
香蓼　においたで
粘蓼　ねばりたで
花蓼　はなたで
春蓼　はるたで
細葉蓼　ほそばたで
木天蓼　またたび

艸部（蕃, 蕪, 蕨, 薯）

柳蓼　やなぎたで

【354】蕃

蕃茉莉[8]　ばんまつり
ナス科の観賞用低木。別名バンソケイ。高さは30cm。花は淡紫色、翌日白色となる。園芸植物。熱帯植物。薬用植物。

蕃荔枝[9]　ばんれいし
バンレイシ科の低木。別名シャカトウ。果実は甘く生食また醸酵飲料用。高さは2〜7m。花は緑色。園芸植物。熱帯植物。薬用植物。

刺蕃荔枝　とげばんれいし

【355】蕪

蕪　かぶ
アブラナ科の根菜類。別名ブラシカ・ラパ、アブラナ、カブラ。根直径20cm。花は鮮黄色。園芸植物。薬用植物。

聖護院蕪　しょうごいんかぶ

【356】蕨

蕨　わらび
ワラビ科（イノモトソウ科、コバノイシカグマ科）の夏緑性シダ。

一本蕨　いっぽんわらび
犬蕨　いぬわらび
大鉄蕨　おおかなわらび
大花蕨　おおはなわらび
雄熊蕨　おくまわらび
簪蕨　かんざしわらび
清澄姫蕨　きよすみひめわらび
金毛蕨　きんもうわらび
熊蕨　くまわらび
高蕨　たかわらび
立姫蕨　たちひめわらび
谷犬蕨　たにいぬわらび
長穂夏花蕨　ながほのなつのはなわらび
夏花蕨　なつのはなわらび
姫鉄蕨　ひめかなわらび
姫蕨　ひめわらび
広葉犬蕨　ひろはいぬわらび
冬花蕨　ふゆのはなわらび
蓬莱花蕨　ほうらいはなわらび
穂咲鉄蕨　ほざきかなわらび
細葉鉄蕨　ほそばかなわらび
水蕨　みずわらび
緑鉄蕨　みどりかなわらび
宮古島花蕨　みやこじまはなわらび
深山蕨　みやまわらび
蕨繋　わらびつなぎ

【357】薯

薯蕷[16]　やまのいも
ヤマノイモ科の多年生つる草。別名ジネンジョ、ジネンジョウ。長さ1m。花は白色。園芸植物。薬用植物。

薯蕷葵　とろろあおい
アオイ科の一年草または越年草。別名オウショッキ（黄蜀葵）、トロロ（薯蕷）、クサダモ。高さは1.5〜2.5m。花は黄色。園芸植物。熱帯植物。薬用植物。

【358】薄

薄 すすき
イネ科の多年草。別名カヤ、オバナ。叢生して円形の大株となって育つ。高さは70〜220cm。園芸植物。

油薄　あぶらすすき
糸薄　いとすすき
薄色覆輪千年木　うすいろふくりんせんねんぼく
薄黄黄連　うすぎおうれん
薄黄木犀　うすぎもくせい
薄雲　うすくも
薄雲　うすぐも
米薄　こめすすき
高嶺米薄　たかねこめすすき
常磐薄　ときわすすき
八丈薄　はちじょうすすき
一本薄　ひともとすすき
松毬薄　まつかさすすき
屋久島薄　やくしますすき

薄荷 はっか
シソ科の匍匐草。別名メグサ。茎赤色、葉は皺多く芳香。高さは20〜50cm。熱帯植物。薬用植物。

苦薄荷　にがはっか
円葉薄荷　まるばはっか
山薄荷　やまはっか
山原蔓薄荷　やんばるつるはっか

薄雪唐飛廉 うすゆきとうひれん
キク科の草本。別名コタカネキタアザミ。高山植物。

【359】薇

薇 ぜんまい
ゼンマイ科の夏緑性シダ。別名コゼンマイ、ハゼンマイ、ホソバゼンマイ。葉身は長さ30〜50cm。三角状広卵形。園芸植物。薬用植物。

岩根薇　いわがねぜんまい
鬼薇　おにぜんまい
紫薇　しび
夜叉薇　やしゃぜんまい
山鳥薇　やまどりぜんまい

【360】薺

薺 なずな
アブラナ科の一年草または多年草。別名ペンペングサ、バチグサ。高さは10〜50cm。花は白色。園芸植物。薬用植物。

犬薺　いぬなずな
大薺　おおなずな
北岳薺　きただけなずな
雲居薺　くもいなずな
雲間薺　くもまなずな
軍配薺　ぐんばいなずな
白馬薺　しろうまなずな
戸隠薺　とがくしなずな
白鮮薺　はくせんなずな
花薺　はななずな
豆軍配薺　まめぐんばいなずな
藻岩薺　もいわなずな

【361】蕺

蕺 どくだみ
ドクダミ科のハーブ。別名ジュウ

艸部（藪, 藜, 蘇, 藺, 蘆, 藿）

ヤク。高さは30～50cm。花は白色。園芸植物。薬用植物。
蔓蕺菜　つるどくだみ

【362】藪

藪草石蚕　やぶちょろぎ

シソ科の一年草。別名ヤブイヌゴマ。高さは10～40cm。花は淡紅色。

【363】藜

藜　あかざ

アカザ科の一年草。若芽は紅色。高さは150cm。園芸植物。薬用植物。
河原藜　かわらあかざ
小藜　こあかざ
白藜　しろざ
浜藜　はまあかざ

【364】蘇

蘇芳　すおう

マメ科の小木。多刺、果実は暗赤紫色。高さは5m。花は黄色。園芸植物。熱帯植物。薬用植物。
花蘇芳　はなずおう
峰蘇芳　みねずおう

【365】藺

藺　い

イグサ科の多年草。別名トウシンソウ。高さは20～100cm。薬用植物。
糸藺　いとい
蝦夷細藺　えぞほそい
寒枯藺　かんがれい
草藺　くさい
三角藺　さんかくい
高嶺藺　たかねい
泥藺　どろい
針藺　はりい
白虎藺　びゃっこい
太藺　ふとい
細藺　ほそい
蛍藺　ほたるい
松葉藺　まつばい
深山藺　みやまい

【366】蘆

蘆　あし, よし

イネ科の抽水性～湿生植物。別名アシ、キタヨシ、ハマオギ。葉身は線形で長さ20～50cm、円錐花序は大形。高さは100～300cm。園芸植物。熱帯植物。薬用植物。
喜望峰蘆薈　きぼうほうろかい
高蘆薈　たかろかい
細葉木立蘆薈　ほそばきだちろかい

蘆生杉　あしうすぎ

スギ科の落葉性針葉高木。別名アケボノスギ、イチイヒノキ、ヌマスギモドキ。高さは30m。樹皮は橙褐色ないし赤褐色。園芸植物。

【367】藿

藿香　かわみどり

シソ科のハーブ。別名コリアンミント。川緑（カワミドリ）の漢名。高さは40～100cm。薬用植物。切り花に用いられる。

藿香薊　かっこうあざみ

キク科の一年草。別名アゲラータム。葉は悪臭とハッカ臭との混合。高さは30～60cm。花は紫または白色。園芸植物。熱帯植物。

【368】蘿

蘿藦[19]　ががいも

ガガイモ科の多年生つる草。別名クサワタ、クサパンヤ、イガナスビ。薬用植物。

部首6画《虍部》

【369】虎

虎杖[7]　いたどり

タデ科の多年草。別名サイタヅマ、タチヒ。茎には縦条、葉柄赤。高さは30～150cm。園芸植物。熱帯植物。薬用植物。

大虎杖　おおいたどり

部首6画《虫部》

【370】蚊

蚊母樹[5]　いすのき

マンサク科の常緑高木。別名ヒョンノキ、ユシノキ。高さは20m。園芸植物。

【371】蚕

蚕豆[7]　そらまめ

マメ科の果菜類。別名トウマメ、ヤマトマメ。高さは1m。花は白か淡紫色。園芸植物。

【372】蛇

蛇上らず[3]　へびのぼらず

メギ科の木本。別名トリトマラズ、コガネエンジュ。

蛇胡蘿蔔[9]　じゃにんじん

アブラナ科の一年草または越年草。高さは10～80cm。

【373】蚰

蚰蜒羊歯[13]　げじげじしだ

オシダ科（ヒメシダ科）の夏緑性シダ。葉身は長さ30～50cm。披針形。

【374】蛙

蛙の傘　ひきのかさ

キンポウゲ科の多年草。別名コキンポウゲ。高さは10～30cm。薬用植物。

【375】蛭

蛭筵[13]　ひるむしろ

ヒルムシロ科の多年生水草。別名ヒルモ、サジナ。葉身は披針形、長さ5～16cm。薬用植物。

雄蛭筵　おひるむしろ

蛭蓆　ひるむしろ

ヒルムシロ科の多年生水草。別名

ヒルモ、サジナ。葉身は披針形、長さ5～16cm。薬用植物。
蝦夷の蛭蓆　えぞのひるむしろ
雄蛭蓆　おひるむしろ
太蛭蓆　ふとひるむしろ

【376】蛸

蛸木[4]　たこのき
タコノキ科の常緑高木。別名オガサワラタコノキ。高さは6～10m。花は黄色。園芸植物。
黄斑蛸木　きふたこのき

【377】蜀

蜀黍[12]　もろこし
イネ科の草本。別名ソルガム、ナミモロコシ。穀実食用。果穂は垂下性のものと直立性。高さは3～4m。園芸植物。熱帯植物。
玉蜀黍　とうもろこし
箒蜀黍　ほうきもろこし

【378】蝦

蝦夷髪剃菜[6]
えぞこうぞりな
キク科の草本。高山植物。

蝦根[10]　えびね
ラン科の多年草。高さは30～50cm。花は白色。園芸植物。日本絶滅危機植物。
大蝦根　おおえびね
黄蝦根　きえびね
霧島蝦根　きりしまえびね
猿面蝦根　さるめんえびね

匂蝦根　においえびね

【379】蟒

蟒蛇草[11]　うわばみそう
イラクサ科の多年草。別名ミズ、クチナワジョウゴ。茎は基部が紅色。高さは20～50cm。園芸植物。薬用植物。

【380】蟻

蟻通[10]　ありどおし
アカネ科の常緑低木。高さは30～60cm。花は白色。園芸植物。

【381】蠟

蠟梅[10]　ろうばい
ロウバイ科の落葉低木。別名カラウメ、トウウメ、ナンキンウメ。高さは2～4m。花は黄色。園芸植物。薬用植物。切り花に用いられる。

部首6画《行部》

【382】衝

衝羽根[6]　つくばね
ビャクダン科の落葉小低木。別名ハゴノキ、コギノコ。

衝羽根草
つくばねそう
ユリ科の多年草。高さは15～40cm。高山植物。薬用植物。

部首6画《衣部》

【383】裾

裾濃の糸 すそごのいと [16]

ツツジ科のツツジの品種。園芸植物。

【384】裏

裏白 うらじろ [5]

ウラジロ科の常緑性シダ。別名ヤマクサ、ホナガ、モロムキ。葉柄は長さ30～100cm。園芸植物。薬用植物。

裏白樺 ねこしで

カバノキ科の落葉高木。別名ウラジロカンバ。高山植物。

裏星 うらぼし [9]

シダ植物の1科。
裏星鋸羊歯　うらぼしのこぎりしだ
小裏星　こうらぼし
新天裏星　しんてんうらぼし
高裏星　たかうらぼし
姫裏星　ひめうらぼし
三手裏星　みつでうらぼし
破傘裏星　やぶれがさうらぼし

部首6画《西部》

【385】西

西瓜 すいか [6]

ウリ科の野菜。蔓の長さ7～10m。花は黄色。園芸植物。熱帯植物。薬用植物。

部首7画《角部》

【386】角

角叉 つのまた [3]

スギノリ科の海藻。体は15cm。
琴柱角叉　ことじつのまた

部首7画《言部》

【387】誰

誰袖草 たがそでそう [10]

ナデシコ科の多年草。高さは30～50cm。

【388】譲

譲葉 ゆずりは [12]

ユズリハ科（トウダイグサ科）の常緑高木。高さは5～10m。園芸植物。薬用植物。

部首7画《谷部》

【389】谷

⁶谷地苺　やちいちご
バラ科の落葉ほふく性草。別名ホルムイイチゴ、ヤチイチゴ。高山植物。

部首7画《豆部》

【390】豆

¹⁰豆倒　まめだおし
ヒルガオ科の寄生の一年生つる草。薬用植物。

【391】豇

⁷豇豆　ささげ
マメ科の果菜類。別名ナガササゲ、ジュウロウササゲ。花は白あるいは紫色。園芸植物。薬用植物。
鼬豇豆　いたちささげ

【392】豌

⁷豌豆　えんどう
マメ科の果菜類。別名アカエンドウ、ノラマメ。蔓の長さ1m。園芸植物。
伊吹野豌豆　いぶきのえんどう
御山豌豆　おやまのえんどう
烏豌豆　からすのえんどう
白豌豆　しろえんどう
雀野豌豆　すずめのえんどう

部首7画《貝部》

【393】貝

⁵貝母　ばいも
ユリ科の球根性多年草。別名アミガサユリ、ハハクリ。高さは30～60cm。園芸植物。薬用植物。切り花に用いられる。

【394】賢

⁴賢木　さかき
ツバキ科の常緑小高木。別名ミサカキ、ホンサカキ。高さは10m。花は白で後に黄色。園芸植物。

部首7画《赤部》

【395】赤

¹¹赤麻　あかそ
イラクサ科の多年草。高さは50～80cm。

部首7画《走部》

【396】走

¹¹走野老　はしりどころ
ナス科の多年草。別名オメキグサ。高さは30～60cm。高山植物。薬用植物。

部首7画《足部》

【397】躑

躑躅 つつじ [20]

ツツジ科ツツジ属の常緑または落葉低木の通称。

曙躑躅　あけぼのつつじ
愛鷹躑躅　あしたかつつじ
油躑躅　あぶらつつじ
磯躑躅　いそつつじ
裏縞躑躅　うらしまつつじ
大米躑躅　おおこめつつじ
大葉躑躅　おおばつつじ
雄躑躅　おんつつじ
岸躑躅　きしつつじ
黄蓮華躑躅　きれんげつつじ
米躑躅　こめつつじ
小瓔珞躑躅　こようらくつつじ
境躑躅　さかいつつじ
桜躑躅　さくらつつじ
五月躑躅, 皐月躑躅　さつきつつじ
神宮躑躅　じんぐうつつじ
丁字米躑躅　ちょうじこめつつじ
灯台躑躅　どうだんつつじ
梅花躑躅　ばいかつつじ
日陰躑躅　ひかげつつじ
藤躑躅　ふじつつじ
穂躑躅　ほつつじ
堀内寒咲躑躅　ほりうちかんざきつつじ
三葉躑躅　みつばつつじ
紫八汐躑躅　むらさきやしおつつじ
糯躑躅, 餅躑躅　もちつつじ
山躑躅　やまつつじ
瓔珞躑躅　ようらくつつじ
蓮華躑躅　れんげつつじ

部首7画《車部》

【398】軒

軒忍 のきしのぶ [7]

ウラボシ科の常緑性シダ。別名ヤツメラン、マツフウラン、カラスノワスレグサ。葉身は長さ12～30cm。線形から広線形。園芸植物。薬用植物。

部首7画《辛部》

【399】辛

辛夷 こぶし [6]

モクレン科の落葉高木。別名ヤマアララギ、コブシハジカミ、イモウエバナ。樹高20m。花は白色。樹皮は灰色。園芸植物。薬用植物。

幣辛夷, 四手辛夷　しでこぶし

【400】辣

辣韮 らっきょう [12]

ユリ科の根菜類。別名オオニラ、サトニラ。葉は長さ30～50cm。園芸植物。薬用植物。

深山辣韮　みやまらっきょう
山辣韮　やまらっきょう
辣韮矢竹　らっきょうやだけ

部首7画《辵部》

【401】辺

¹²辺塚羊歯　へつかしだ
オシダ科（ツルキジノオ科）の常緑性シダ。根茎は短くはい、葉は接して出る。葉身は長さ30〜70cm。披針形。園芸植物。

辺塚苦木　へつかにがき
アカネ科の落葉高木。別名ハニガキ。高さは5〜6m。花は淡黄色。園芸植物。

辺塚蘭　へつからん
ラン科の多年草。長さは30〜50cm。日本絶滅危機植物。

【402】通

⁹通草　あけび
アケビ科のつる性の落葉木。別名ヤマヒメ、アケビカズラ、ハダカズラ。花は紅紫色。園芸植物。薬用植物。

三葉通草　みつばあけび

【403】透

⁵透田牛蒡　すかしたごぼう
アブラナ科の多年草。高さは30〜100cm。

【404】這

¹²這黍　はいきび
イネ科の匍匐性草本。熱帯植物。

【405】連

⁵連玉　れだま
マメ科の木本。別名キレダマ、モクレダマ。高さは2〜3.5m。花は黄色。園芸植物。薬用植物。

¹⁸連翹　れんぎょう
モクセイ科の落葉低木。別名レンギョウウツギ。花は帯橙黄色。園芸植物。薬用植物。切り花に用いられる。

支那連翹　しなれんぎょう
朝鮮連翹　ちょうせんれんぎょう
大和連翹　やまとれんぎょう

²⁴連鷺草　つれさぎそう
ラン科の多年草。高さは30〜60cm。園芸植物。

部首7画《邑部》

【406】那

¹⁰那翁　なぽれおん
バラ科のオウトウ（桜桃）の品種。別名10号。果皮は淡黄色。

【407】郁

³郁子　むべ
アケビ科の常緑つる性木本。別名

トキワアケビ、ウベ。小葉は長楕円形、卵形、倒卵形など。園芸植物。薬用植物。

【408】郷

郷麻[11] ごうそ

カヤツリグサ科の多年草。別名タイツリスゲ、カミクサ。高さは30～70cm。

部首7画《酉部》

【409】酢

酢立[5] すだち

ミカン科。枝条は細小で、ふつうは棘がある。園芸植物。

酢漿草[15] かたばみ

カタバミ科の多年草。別名スイモノグサ。蓚酸あり。高さは10～30cm。花は黄色。熱帯植物。薬用植物。

酢橘[16] すだち

ミカン科。枝条は細小で、ふつうは棘がある。園芸植物。

【410】酸

酸木[4] すのき

ツツジ科の落葉低木。別名オオバスノキ。

酸実実桜[8] すみのみざくら

バラ科の木本。別名酸果桜桃。高さは6～9m。樹皮は紫褐色。園芸植物。

酸茎菜 すぐきな

アブラナ科の野菜。別名カモナ。園芸植物。

酸葉[12] すいば

タデ科の多年草。別名リトルビネガープラント、ガーデンソレル。高さは50～80cm。園芸植物。薬用植物。

高嶺酸葉　たかねすいば
姫酸葉　ひめすいば

酸塊[13] すぐり

ユキノシタ科の落葉低木。高さは1m。園芸植物。

駒ガ岳酸塊　こまがたけすぐり
西洋酸塊　せいようすぐり
栂酸塊　とがすぐり
十勝酸塊　とかちすぐり

酸漿[15] ほおずき

ナス科の多年草。別名カガチ（輝血）、アカカガチ（赤加賀智）。高さは60～90cm。花は朱赤色。園芸植物。薬用植物。

犬酸漿　いぬほおずき
千生酸漿　せんなりほおずき
立酸漿草　たちかたばみ
照実の犬酸漿　てりみのいぬほおずき
裸酸漿　はだかほおずき
溝酸漿　みぞほおずき
紫酸漿草　むらさきかたばみ
山酸漿　やまほおずき
瓔珞酸漿　ようらくほおずき

部首7画《里部》

【411】野

³野大角豆 のささげ
マメ科の多年生つる草。別名キツネササゲ。高さは3m前後。

⁶野老 ところ
ヤマノイモ科の蔓性多年草。
甘野老　あまどころ
団扇野老　うちわどころ
鬼野老　おにどころ
楓野老　かえでどころ
菊葉野老　きくばどころ
立野老　たちどころ
走野老　はしりどころ
姫野老　ひめどころ

¹⁰野豇豆 のささげ
マメ科の多年生つる草。別名キツネササゲ。高さは3m前後。

¹²野萵苣 のぢしゃ
オミナエシ科の一年草または二年草。高さは15〜25cm。花は薄い藤色。園芸植物。

部首8画《金部》

【412】金

⁴金午時花 きんごじか
アオイ科の多年草。民間薬、靭皮繊維はロープ用。高さは30〜150cm。花は淡黄色。園芸植物。熱帯植物。

⁵金冬瓜 きんとうが
ウリ科。

⁸金狗(犬)子 きんえのころ
イネ科の一年草。高さは20〜50cm。園芸植物。

¹¹金雀児 えにしだ
マメ科の落葉小低木。高さは1〜3m。花は黄色。園芸植物。薬用植物。
頬紅金雀児　ほおべにえにしだ

¹²金葎 かなむぐら
クワ科の一年生つる草。別名ビンボウカズラ、ヤエムグラ。薬用植物。

¹⁴金鳳花 きんぽうげ
キンポウゲ科の多年草。

¹⁵金瘡小草 きらんそう
シソ科の多年草。別名ジゴクノカマノフタ。薬用植物。

金蕊 きんしべ
ツツジ科のツツジの品種。園芸植物。

【413】鈴

⁵鈴白草 すずしろそう
アブラナ科の多年草。高さは10〜25cm。

[9] **鈴柴胡　すずさいこ**

ガガイモ科の多年草。別名マダガスカルジャスミン、マダガスカルシタキソウ。高さは40～100cm。花は純白色。園芸植物。薬用植物。

【414】銀

[7] **銀杏　いちょう**

イチョウ科の落葉高木。別名ギンナン（銀杏）。高さは30m。樹皮は褐灰色。園芸植物。薬用植物。

　銀杏浮苔　いちょううきごけ
　銀杏羊歯　いちょうしだ

銀杏木　いちょうぼく

スベリヒユ科の多肉植物。別名銀公孫樹。高さは2m。園芸植物。

【415】銭

[8] **銭苔　ぜにごけ**

ゼニゴケ科のコケ。灰緑色、長さ3～10cm。園芸植物。

　毛銭苔　けぜにごけ
　銭苔羊歯　ぜにごけしだ
　二翅銭苔　ふたばねぜにごけ
　細葉水銭苔　ほそばみずぜにごけ

[9] **銭巻　ぜんまい**

ゼンマイ科の夏緑性シダ。別名コゼンマイ、ハゼンマイ、ホソバゼンマイ。葉身は長さ30～50cm。三角状広卵形。園芸植物。薬用植物。

　城山銭巻　しろやまぜんまい

【416】鏡

[13] **鏡蓋　ががぶた**

ミツガシワ科（リンドウ科）の多年生の浮葉植物。葉の表面には紫褐色の斑状模様、花弁は白色で径約15mm。日本絶滅危機植物。

部首8画《長部》

【417】長

[7] **長束　なつか**

バラ科のウメ（梅）の品種。果皮は淡緑で、陽向面は深紅色。

[8] **長刺武蔵野　ながとげむさしの**

サボテン科のサボテン。園芸植物。

部首8画《阜部》

【418】阿

[11] **阿亀笹　おかめざさ**

イネ科の常緑小型の竹。別名カグラザサ（神楽笹）、ゴマイザサ（五枚笹）。高さは0.5～2m。園芸植物。

阿部槙　あべまき

ブナ科の落葉高木。別名アベ、ワタクヌギ、ワタマキ。高さは15m。樹皮は淡灰褐色。園芸植物。薬用植物。

阜部（陸, 障）隹部（雀, 雁, 雄）

【419】陸

⁹陸海苔　おかのり
アオイ科の葉菜類。別名ハタケナ、ノリナ。フユアオイの変種。園芸植物。薬用植物。

¹¹陸鹿尾菜　おかひじき
アカザ科の葉菜類。別名オカミル、ミルナ。葉は円柱状多肉質。高さは10〜30cm。花は淡緑色。園芸植物。薬用植物。

【420】障

¹²障葉柏　くすのはがしわ
トウダイグサ科の木本。葉は光沢、葉柄と花序は褐色。熱帯植物。薬用植物。

部首8画《隹部》

【421】雀

¹⁴雀榕　あこう
クワ科の常緑高木。別名アコギ、アコミズキ。園芸植物。

【422】雁

⁵雁皮　がんぴ
ジンチョウゲ科の落葉低木。別名カミノキ。
　黄雁皮　きがんぴ
　小雁皮　こがんぴ
　桜雁皮　さくらがんぴ
　島桜雁皮　しまさくらがんぴ
　水雁皮　みずがんぴ
　深山雁皮　みやまがんぴ
　無人青雁皮　むにんあおがんぴ
　屋久島雁皮　やくしまがんぴ

⁹雁草　かりがねそう
クマツヅラ科の多年草。別名ホカケソウ。高さは100cm以上。

【423】雄

⁴雄刈茅　おがるかや
イネ科の多年草。別名スズメカルカヤ、カルカヤ。高さは60〜100cm。園芸植物。

雄刈萱　おがるかや
イネ科の多年草。別名スズメカルカヤ、カルカヤ。高さは60〜100cm。園芸植物。

⁶雄羊歯　おしだ
オシダ科の夏緑性シダ。葉身は長さ60〜120cm。倒披針形。園芸植物。薬用植物。

⁸雄宝香　おたからこう
キク科の多年草。高さは1〜2m。園芸植物。高山植物。

¹⁴雄熊蕨　おくまわらび
オシダ科の常緑性シダ。葉身は長さ40〜60cm。長楕円状披針形から長楕円形。

²²雄躑躅　おんつつじ
ツツジ科の落葉低木。別名ツクシアカツツジ。花は紅色。園芸植物。

難読/誤読 植物名漢字よみかた辞典

【424】雌

雌宝香 めたからこう[8]

キク科の多年草。オタカラコウに比し、細身。高さは60〜100cm。園芸植物。高山植物。

雌阿寒衾 ちょうかいふすま

ナデシコ科の草本。高山植物。

雌待宵草 めまつよいぐさ[9]

アカバナ科の二年草。高さは0.3〜2m。花は黄色。

【425】雛

雛豆 ひよこまめ[7]

マメ科の草本。種子は四角錐形、食用。高さは30〜50cm。花は白または淡紫色。園芸植物。熱帯植物。

部首8画《雨部》

【426】零

零余子刺草 むかごいらくさ[7]

イラクサ科の多年草。高さは40〜70cm。薬用植物。

零余子虎の尾 むかごとらのお

タデ科の多年草。別名コモチトラノオ。高さは10〜30cm。高山植物。薬用植物。

部首8画《青部》

【427】青

青文字 あおもじ[4]

クスノキ科の落葉低木。別名コショウノキ、ショウガノキ。花は淡黄色。園芸植物。薬用植物。切り花に用いられる。

青栂桜 あおのつがざくら[9]

ツツジ科の常緑小低木。高さは10〜30cm。花は淡黄緑色。園芸植物。高山植物。

青梗菜 ちんげんさい[11]

アブラナ科の中国野菜。園芸植物。

部首9画《面部》

【428】面

面高 おもだか[10]

オモダカ科の抽水性の多年草。別名ハナグワイ。矢尻形の葉身。高さは20〜80cm。花は白色。園芸植物。薬用植物。

部首9画《革部》

【429】革

革茸 こうたけ[9]

イボタケ科のキノコ。別名シシタケ、クマタケ。大型。傘は漏斗形、中央は窪む。表面に顕著な鱗片。

革部（靫）頁部（頭，顎）飛部（飛）食部（飯，餵）香部（香）

【430】靫

⁹靫草　うつぼぐさ
シソ科の多年草。別名カーペンターズハーブ、セイヨウウツボグサ、カゴソウ。ウツボグサの基本亜種。花は長さ1〜1.3cm。高さは10〜30cm。薬用植物。切り花に用いられる。

¹¹靫葛　うつぼかずら
ウツボカズラ科の食虫植物。高さは8m。園芸植物。熱帯植物。

部首9画《頁部》

【431】頭

³頭巾茨　ときんいばら
バラ科の落葉低木。別名ボタンイバラ。高さは1m。花は白色。園芸植物。

【432】顎

¹²顎無　あぎなし
オモダカ科の抽水性〜湿生の多年草。別名オトガイナシ、トバエグワイ。全長8〜40cm、果実は倒卵形。高さは20〜80cm。

部首9画《飛部》

【433】飛

¹⁶飛燕草　ひえんそう
キンポウゲ科の一年草。別名チドリソウ。高さは30〜90cm。花は青、藤、赤、桃、白など。園芸植物。薬用植物。切り花に用いられる。

部首9画《食部》

【434】飯

³飯子菜　ままこな
ゴマノハグサ科の半寄生一年草。高さは20〜50cm。

高嶺飯子菜　たかねままこな
対馬飯子菜　つしまままこな
深山飯子菜　みやまままこな

【435】餵

¹⁸餵餅木　かんこのき
トウダイグサ科の落葉低木。

部首9画《香部》

【436】香

⁸香茅　こうぼう
イネ科の多年草。高さは20〜50cm。

⁹香茸　こうたけ
イボタケ科のキノコ。別名シシタケ、クマタケ。大型。傘は漏斗形、中央は窪む。表面に顕著な鱗片。

¹³香椿　ちゃんちん
センダン科の落葉高木。別名アカメチャンチン、ライデンボク。中国野菜。高さは15〜20m。花は白色。樹皮は褐色。園芸植物。薬用

馬部（馬）髟部（髪）鬼部（鬼）魚部（魚, 鯨）

植物。

¹⁴香蓼　においたで
タデ科の一年草。高さは40〜150cm。花は淡紅〜紅色。薬用植物。

部首10画《馬部》

【437】馬

³馬三葉　うまのみつば
セリ科の多年草。別名オニミツバ、ヤマミツバ、ヤマジラミ。高さは30〜120cm。薬用植物。

⁷馬尾藻　ほんだわら
ホンダワラ科の海藻。別名ジンバソウ、ナノリソ、ホダワラ。根は仮盤状。体は2m。薬用植物。

馬足形　うまのあしがた
キンポウゲ科の多年草。別名コマノアシガタ、オコリオトシ。高さは10〜20cm。薬用植物。

¹¹馬酔木　あせび
ツツジ科の常緑低木。別名アセボ、アセミ、ウマクワズ。高さは1〜3m。花は白色。園芸植物。薬用植物。

興山馬酔木　こうざんあせび

¹³馬鈴草　うまのすずくさ
ウマノスズクサ科の多年生つる草。高さは1〜2m。花は紫褐色。園芸植物。薬用植物。

¹⁴馬銭　まちん
マチン科のやや蔓性の小高木。別名ストリキニーネノキ。枝端に短刺、果実は漿果。熱帯植物。薬用植物。

部首10画《髟部》

【438】髪

⁹髪剃菜　こうぞりな
キク科の多年草。葉や茎に赤褐色の鋭い剛毛。高さは10〜25cm。園芸植物。

部首10画《鬼部》

【439】鬼

¹⁸鬼燻　おにふすべ
ホコリタケ科のキノコ。別名ヤブダマ。超大型。外皮は白色〜茶褐色。薬用植物。

部首11画《魚部》

【440】魚

⁴魚木　ぎょぼく
フウチョウソウ科の半常緑高木。別名アマギ。花は黄白色。熱帯植物。薬用植物。

【441】鯨

⁹鯨草　くじらぐさ
アブラナ科の一年草または二年

草。高さは25〜75cm。花は黄白色。薬用植物。

【442】鰻

鰻攫[23] うなぎつかみ
タデ科の草本。

部首11画《鳥部》

【443】鳥

鳥坂苔[7] とさかのり
ミリン科の海藻。膜質。体は10〜30cm。

【444】鳳

鳳尾羊歯[7] ほうびしだ
チャセンシダ科の常緑性シダ。別名ヒメクジャクシダ。葉身は長さ10〜20cm。披針形から長楕円状披針形。園芸植物。

鳳尾草 いのもとそう
イノモトソウ科（ワラビ科）の常緑性シダ。別名ケイソクソウ、トリノアシ。葉身は長さ60cm。頂羽片のはっきりした単羽状。園芸植物。薬用植物。

【445】鴨

鴨嘴[15] かものはし
イネ科の多年草。高さは30〜80cm。

鴨頭海苔[16]
かもがしらのり
カサマツ科（ベニモズク科）の海藻。別名イソモチ、トオヤマノリ。軟骨質。

【446】鵜

鵜松樺[8] うだいかんば
カバノキ科の落葉高木。別名サイハダカンバ。高さは30m。樹皮は赤みのある褐色。園芸植物。

【447】鶏

鶏冠海苔[9] とさかのり
ミリン科の海藻。膜質。体は10〜30cm。

鶏冠菜 とさかのり
ミリン科の海藻。膜質。体は10〜30cm。

【448】鵯

鵯花[7] ひよどりばな
キク科の多年草。高さは40〜100cm。薬用植物。

部首11画《鹿部》

【449】鹿

鹿尾菜[7] ひじき
ホンダワラ科の海藻。葉は扁円で多肉。体は0.2〜1m。

鹿角麒麟 ろっかくきりん
トウダイグサ科。園芸植物。

鹿部（鹿） 麥部（麦） 麻部（麻） 黃部（黄） 黑部（黒）

[10]鹿骨　ししぼね
アブラナ科のハボタンの品種。園芸植物。

【450】鹿

[7]鹿角羊歯　びかくしだ
ウラボシ科。別名コウモリラン。ネスト・リーフは褐色。園芸植物。

部首11画《麥部》

【451】麦

[7]麦角菌　ばっかくきん
バッカクキン科に属する子嚢菌の総称。

部首11画《麻部》

【452】麻

[13]麻幹花　おがらばな
カエデ科の雌雄同株の落葉小高木。別名ホザキカエデ。高山植物。

部首12画《黃部》

【453】黄

[10]黄耆　おうぎ
マメ科の多年草。高さは10～80cm。花は淡黄色。園芸植物。高山植物。薬用植物。
岩黄耆　いわおうぎ
白馬黄耆　しろうまおうぎ
鯛釣黄耆　たいつりおうぎ
利尻黄耆　りしりおうぎ

[13]黄楊　つげ
ツゲ科の常緑低木。別名ホンツゲ、アサマツゲ、ヒメツゲ。園芸植物。薬用植物。
赤実犬黄楊　あかみのいぬつげ
犬黄楊　いぬつげ
亀甲黄楊　きっこうつげ
黄楊黐　つげもち
蔓黄楊　つるつげ
這犬黄楊　はいいぬつげ
姫黄楊　ひめつげ

[20]黄櫨　はぜのき
ウルシ科の落葉高木。別名トウハゼ、ハゼ。高さは10m。花は黄緑色。園芸植物。薬用植物。

部首12画《黑部》

【454】黒

[4]黒毛蕊花　くろもうずいか
ゴマノハグサ科の多年草。高さは60～90cm。花は黄色。園芸植物。高山植物。

[5]黒皮板屋　くろびいたや
カエデ科の雌雄同株の落葉高木。別名エゾイタヤ、ミヤベイタヤ。樹高20m。樹皮は灰褐色。

⁹黒盃閣　こくはいかく
ガガイモ科。別名剣竜閣、ジュンロクカク(馴鹿角)。園芸植物。

¹⁷黒檀木　こくてんぎ
ニシキギ科の常緑低木。別名クロトチュウ、コクタンノキ。

部首13画《黽部》

【455】鼈

⁹鼈茸　すっぽんたけ
担子菌類のきのこ。

部首14画《鼻部》

【456】鼻

¹⁷鼻嚔木　はなひりのき
ツツジ科の落葉低木。高山植物。薬用植物。

難読誤読 植物名漢字よみかた辞典

2015年2月25日 第1刷発行

発 行 者／大高利夫
編集・発行／日外アソシエーツ株式会社
　　　　　〒143-8550 東京都大田区大森北1-23-8 第3下川ビル
　　　　　電話 (03)3763-5241(代表)　FAX(03)3764-0845
　　　　　URL http://www.nichigai.co.jp/
発 売 元／株式会社紀伊國屋書店
　　　　　〒163-8636 東京都新宿区新宿 3-17-7
　　　　　電話 (03)3354-0131(代表)
　　　　　ホールセール部(営業)　電話 (03)6910-0519

電算漢字処理／日外アソシエーツ株式会社
印刷・製本／株式会社平河工業社

不許複製・禁無断転載　　《中性紙北越淡クリームラフ書籍使用》
<落丁・乱丁本はお取り替えいたします>
ISBN978-4-8169-2522-1　　Printed in Japan,2015

本書はディジタルデータでご利用いただくことができます。詳細はお問い合わせください。

姓名よみかた辞典 姓の部
A5・830頁　定価（本体7,250円＋税）　2014.8刊

姓名よみかた辞典 名の部
A5・810頁　定価（本体7,250円＋税）　2014.8刊

難読や誤読のおそれのある姓・名、幾通りにも読める姓・名を徹底採録し、そのよみを実在の人物例で確認できる辞典。「姓の部」では4万人を、「名の部」では3.6万人を収録。各人名には典拠、職業・肩書などを記載。

新・アルファベットから引く 外国人名よみ方字典
A5・820頁　定価（本体3,800円＋税）　2013.1刊

外国人の姓や名のアルファベット表記から、よみ方を確認できる字典。古今の実在する外国人名に基づき、12.7万のアルファベット見出しに、のべ19.4万のカナ表記を収載。東欧・北欧・アフリカ・中東・アジアなどの人名も充実。国・地域によって異なる外国人名のよみ方の実例を一覧できる。

図書館からの贈り物　〈図書館サポートフォーラムシリーズ〉
梅澤幸平著　四六判・200頁　定価（本体2,300円＋税）　2014.12刊

1960年代に始まった日本の公共図書館の改革と発展に関わった、前滋賀県立図書館長による体験的図書館論。地域に役立つ図書館を作るため、利用者へのよりよいサービスを目指し、のちに県民一人あたりの貸し出し冊数全国一を達成した貴重な実践記録。

富士山を知る事典
富士学会 企画　渡邊定元・佐野充 編

A5・620頁　定価（本体8,381円＋税）　2012.5刊

世界に知られる日本のシンボル・富士山を知る「読む事典」。火山、富士五湖、動植物、富士信仰、絵画、環境保全など100のテーマ別に、自然・文化両面から専門家が広く深く解説。桜の名所、地域グルメ、駅伝、全国の○○富士ほか身近な話題も紹介。

データベースカンパニー
日外アソシエーツ　〒143-8550　東京都大田区大森北1-23-8
TEL.(03)3763-5241　FAX.(03)3764-0845　http://www.nichigai.co.jp/